图文精解建筑工程施工职业技能系列

抹 灰 工

徐 鑫 主编

中国计划出版社

图书在版编目（CIP）数据

抹灰工 / 徐鑫主编. -- 北京 : 中国计划出版社,
2017.1
图文精解建筑工程施工职业技能系列
ISBN 978-7-5182-0518-9

Ⅰ．①抹… Ⅱ．①徐… Ⅲ．①抹灰－职业培训－教材
Ⅳ．①TU754.2

中国版本图书馆CIP数据核字(2016)第250767号

图文精解建筑工程施工职业技能系列
抹灰工
徐　鑫　主编

中国计划出版社出版发行
网址：www.jhpress.com
地址：北京市西城区木樨地北里甲 11 号国宏大厦 C 座 3 层
邮政编码：100038　电话：（010）63906433（发行部）
北京市科星印刷有限责任公司印刷

787mm×1092mm　1/16　11.5 印张　271 千字
2017 年 1 月第 1 版　2017 年 1 月第 1 次印刷
印数 1—3000 册

ISBN 978-7-5182-0518-9
定价：33.00 元

前　言

　　抹灰工是土建专业工种中的重要成员之一，专指从事抹灰工程的人员，即将各种砂浆、装饰性水泥、石子浆等涂抹在建筑物的墙面、地面、顶棚等表面上的施工人员。随着我国经济社会的快速发展，近年来，建筑业取得了前所未有的进步。在建筑工程中，抹灰工程是整体建筑众多工程的其中之一，也是后续装饰工程的基础，抹灰工程的施工质量和技术运用是否得当，对整体建筑工程有着十分重要的影响。因此，我们组织编写了这本书，旨在提高抹灰工的专业技术水平，确保工程质量和安全生产。

　　本书根据国家新颁布的《建筑工程施工职业技能标准》JGJ/T 314—2016以及《建筑装饰装修工程质量验收规范》GB 50210—2001、《建筑工程施工质量验收统一标准》GB 50300—2013、《外墙饰面砖工程施工及验收规程》JGJ 126—2015、《抹灰砂浆技术规程》JGJ/T 220—2010、《建筑工程冬期施工规程》JGJ/T 104—2011 等标准编写，主要介绍了抹灰工的基础知识、抹灰工程施工图识读、抹灰工程施工准备、一般抹灰施工、装饰抹灰施工、季节性施工与安全防护等内容。本书采用图解的方式讲解了抹灰工应掌握的操作技能，内容丰富，图文并茂，针对性、系统性强，并具有实际的可操作性，实用性强，便于读者理解和应用，既可供抹灰工、建筑施工现场人员参考使用，也可作为建筑工程职业技能岗位培训相关教材使用。

　　由于作者的学识和经验有限，虽然尽心尽力，但是书中仍难免存在疏漏或未尽之处，敬请有关专家和读者予以批评指正（E-mail：zt1966@126.com）。

编　者

2016 年 10 月

目　　录

1 抹灰工的基础知识

1.1 抹灰工职业技能等级要求

1.1.1 五级抹灰工

1. 理论知识

（1）掌握建筑物室内外墙、地面各部位抹灰的操作工艺要求及养护知识。

（2）熟悉常用工具、量具名称，了解其功能和用途。

（3）熟悉施工图中抹灰部位和使用砂浆的表述。

（4）熟悉常用抹灰材料的种类、规格及保管。

（5）熟悉常用抹灰砂浆的配合比、使用部位、配制方法和干粉砂浆的种类等级。

（6）熟悉用简单模型抹制简单线角的方法。

（7）熟悉镶贴瓷砖、面砖、缸砖的一般常识。

（8）熟悉水刷石、干粘石、假石和普通水磨石的一般常识。

（9）熟悉抹灰工程施工质量验收规范。

2. 操作技能

（1）能够进行常用工具、量具的使用。

（2）会做内外墙面抹灰的灰饼、挂线、冲筋等。

（3）会抹内墙石灰砂浆和混合砂浆（包括罩面），水泥砂浆护角线、墙裙、踢脚线、内窗台、梁、柱及混凝土顶棚（包括钢丝网板条基层）。

（4）会抹外墙混合砂浆（包括机械喷灰、分隔画线），水泥砂浆檐口、腰线、明沟、勒脚、散水坡及一般水刷石、干粘石、假石（大面）和普通水磨石。

（5）会抹水泥砂浆和细石混凝土地面（包括分隔画线）。

（6）会用简单模型抹制简单线角或不用模型抹简单线角。

（7）会镶贴内外墙面一般饰面砖（大面）。

（8）会按本工种验收规范对产品进行自检和互检。

1.1.2 四级抹灰工

1. 理论知识

（1）掌握建筑制图的一般知识，看懂分部分项施工图、节点图。

（2）掌握常用装饰材料的特点及使用方法。

（3）掌握抹一般水刷石的方柱、圆柱、门头及水磨石地面和楼梯的方法。

（4）掌握用复杂模型抹制顶棚较复杂线角并攒角的操作方法及干硬性水泥砂浆地面、挂麻丝顶棚的操作方法。

（5）掌握防水、防腐、耐热、保温、重晶石等特种砂浆的配制、操作及养护方法。

（6）掌握各种饰面板（砖）在各部位（包括墙面、地面、方柱、柱帽、柱墩）的镶贴方法。

(7) 熟悉一般颜料的配色、石膏的特性和配制方法、界面剂的性能、用途及使用方法。

(8) 熟悉不同气候对抹灰工程的影响。

(9) 熟悉抹灰工程的常见质量通病及防治方法。

2. 操作技能

(1) 熟练掌握抹灰工程常见的质量通病防治方法。

(2) 能够按施工图绘制一般饰面板（砖）的排列图并进行铺贴。

(3) 会抹石膏和水刷罩面（包括挂麻丝顶棚）。

(4) 会抹水泥砂浆的方圆柱、窗台、楼梯（包括栏杆、扶手、出檐、踏步），并弹线分步。

(5) 会抹水刷石、假石、干粘石墙面和镶贴各种饰面砖板。

(6) 会抹防水、防护、耐热、保温、重晶石等特种砂浆（包括配料及养护）。

(7) 会抹带有一般线角的水刷石门头、方圆柱、柱墩、柱帽、普通水磨石地面和有挑口的美术水磨石楼梯踏步。

(8) 会用较复杂模型抹制顶棚较复杂线角并攒角。

(9) 会参照图样堆塑一般平面花饰（包括线角）。

1.1.3 三级抹灰工

1. 理论知识

(1) 掌握本工种施工图、装饰节点详图及房屋建筑的构造及主要组成。

(2) 掌握常用装饰材料的特点及使用方法。

(3) 掌握素描知识。

(4) 掌握不同季节的施工有关规定。

(5) 掌握各种饰面板材干挂、镶贴的质量通病及防治方法。

(6) 掌握预防、处理安全事故的方法及措施。

(7) 熟悉一般古建筑常识。

(8) 熟悉制作阴阳木的施工工艺和堆塑饰件安装工艺。

2. 操作技能

(1) 能够按安全生产规程指导作业。

(2) 会绘制装饰节点图。

(3) 会按图用模型抹制室外复杂装饰线角并攒角（水刷石）。

(4) 会参照图样堆塑各种线角和复杂装饰（包括修补制作模型）。

(5) 会识别和鉴定常用天然大理石、花岗石的性能并干挂、镶贴大理石、花岗石墙面，并针对作业中的质量通病采取预防方法。

(6) 会进行陶瓷锦砖和花式水磨石的拼花施工。

(7) 会学习应用相关新技术、新工艺、新材料和新设备。

(8) 会按图计算工料。

1.1.4 二级抹灰工

1. 理论知识

（1）掌握按施工图进行工料分析，确定用工、用料的方法。

（2）掌握制定一般古建筑装饰修复施工方案的知识和古建筑的构造及砖瓦工艺。

（3）掌握本工种常见的质量通病并能制定相应的预防措施。

（4）熟悉本工种新材料的物理、化学基本性能及使用知识。

（5）熟悉基本的建筑绘画知识并了解设计图案原理。

（6）熟悉指导本等级以下技工提高理论知识的要求和方法。

2. 操作技能

（1）熟练掌握抹灰工程施工质量验收要求和验收程序。

（2）能够对作业中存在的质量问题提出相应的改进措施。

（3）会修复一般古建筑装饰。

（4）会做砖雕各种花纹、图案。

（5）会抹大型水刷石的圆柱、柱帽、柱墩（如陶立克柱、科林斯柱）。

（6）会培训和指导本等级以下技工提高操作技能。

（7）会按图自行制作本工种较复杂的模具和工具。

（8）会独立指挥一般大型建筑装饰工程的施工。

（9）会根据饰面工程中较复杂结构进行排版并计算工料。

（10）会绘制本工种各种较复杂施工图（包括计算机绘制）。

（11）会根据生产环境提出安全生产建议，并处理一般安全事故。

1.1.5 一级抹灰工

1. 理论知识

（1）掌握编制本工种新材料的施工工艺方案的知识。

（2）熟悉各种堆塑制品的原料组成和工艺（绑制骨架、刮粗坯、堆细坯、溜光）。

（3）掌握本工种作业过程中存在的质量疑难问题并制定相应改进措施。

（4）掌握有关安全法规及突发安全事故的处理程序。

（5）熟悉建筑装饰设计的基本概念。

（6）熟悉大型内外装饰工程施工组织设计原理。

（7）熟悉制定复杂古建筑装饰修复施工方案的知识。

（8）熟悉制订本工种单体工程进度计划表和绘制网络图知识。

2. 操作技能

（1）能够按施工图翻制各种模具并制作修理各种花饰。

（2）能够对复杂古建筑装饰进行修复。

（3）会制作砖雕各种花式图案、阳文、草体等字体。

（4）会平雕、浮雕、透雕和立体雕。

（5）会对操作技能进行培训和指导。

（6）会绘制本工种各种复杂施工图、大样图（包括计算机绘制）。

（7）会解决本工种作业过程中质量事故的疑难问题。

（8）会独立指挥大型建筑装饰工程的施工。

（9）会编制突发安全事故处理的预案，并熟练进行现场处置。

1.2　抹灰工程分类、组成与作用

1.2.1　抹灰工程分类

抹灰工程分一般抹灰和装饰抹灰两大类。一般抹灰有石灰砂浆、水泥石灰砂浆、水泥砂浆、聚合物水泥砂浆以及麻刀灰、纸筋灰、石膏灰等；按使用要求、质量标准和操作工序不同，又分为普通抹灰、中级抹灰和高级抹灰。装饰抹灰有水刷石、水磨石、斩假石（剁斧石）、干粘石、拉毛灰、洒毛灰以及喷砂、喷涂、滚涂、弹涂等。

1.2.2　抹灰工程组成

一般抹灰工程施工是分层进行的，以利于抹灰牢固、抹面平整和保证质量。如果一次抹得太厚，由于内外收水快慢不同，容易出现干裂、起鼓和脱落现象。

1. 底层

底层主要起与基层的粘结和初步找平作用。底层所使用材料随基层不同而异，室内砖墙面常用石灰砂浆、水泥石灰混合砂浆；室外砖墙面和有防潮防水的内墙面常用水泥砂浆或混合砂浆。对混凝土基层宜先刷素水泥浆一道，采用混合砂浆或水泥砂浆打底，更易于粘接牢固。

2. 中层

中层主要起找平作用。根据基层材料的不同，其做法基本上与底层的做法相同。按照施工质量要求可一次抹成，也可分遍进行。

3. 面层

面层主要起装饰作用，所用材料根据设计要求的装饰效果而定。室内墙面及顶棚抹灰常用麻刀灰或纸筋灰；室外抹灰常用水泥砂浆或做成水刷石等饰面层。

1.2.3　抹灰工程作用

1. 满足使用功能要求

抹灰层能起到保温、隔热、防潮、防风化、隔音等作用。

2. 满足美观要求

抹灰层能使建筑物的界面平整、光洁、美观、舒适。

3. 保护建筑物

抹灰工程是保护建筑物、装饰建筑物最基本的手段之一。抹灰层能使建筑物或构筑物的结构部分不受周围环境中风、雨、雪、日晒、潮湿和有害气体等不利因素的侵蚀，延长建筑物的使用寿命。

1.3 抹灰工程常用材料

1.3.1 抹灰砂浆

一般抹灰工程用砂浆大面积涂抹于建筑物墙、顶棚、柱等表面，包括水泥抹灰砂浆、水泥粉煤灰抹灰砂浆、水泥石灰抹灰砂浆、掺塑化剂水泥抹灰砂浆、聚合物水泥抹灰砂浆及石膏抹灰砂浆等，简称抹灰砂浆，如图 1 – 1 所示。

1. 砂浆分类

（1）水泥抹灰砂浆。以水泥为胶凝材料，加入细骨料和水按一定比例配制而成的抹灰砂浆。

（2）水泥粉煤灰抹灰砂浆。以水泥、粉煤灰为胶凝材料，加入细骨料和水按一定比例配制而成的抹灰砂浆。

（3）水泥石灰抹灰砂浆。以水泥为胶凝材料，加入石灰膏、细骨料和水按一定比例配制而成的抹灰砂浆，简称混合砂浆。

（4）掺塑化剂水泥抹灰砂浆。以水泥（或添加粉煤灰）为胶凝材料，加入细骨料、水和塑化剂按一定比例配制而成的抹灰砂浆。

（5）聚合物水泥抹灰砂浆。以水泥为胶凝材料，加入细骨料、水和适量聚合物按一定比例配制而成的抹灰砂浆。包括普通聚合物水泥抹灰砂浆（无压折比要求）、柔性聚合物水泥抹灰砂浆（无压折比要求）、柔性聚合物水泥抹灰砂浆（压折比≤3）及防水聚合物水泥抹灰砂浆。

（6）石膏抹灰砂浆。以半水石膏或Ⅱ型无水石膏单独或者两者混合后为胶凝材料，加入细骨料、水和多种外加剂按一定比例配制而成的抹灰砂浆。

（7）预拌抹灰砂浆。专业生产厂生产的用于抹灰工程的砂浆。

（8）界面砂浆。提高抹灰砂浆层与基层粘结强度的砂浆，如图 1 – 2 所示。

图 1 – 1 抹灰砂浆

图 1 – 2 界面砂浆

2. 抹灰砂浆基本规定

（1）一般抹灰工程用砂浆宜选用预拌抹灰砂浆。抹灰砂浆应采用机械搅拌。

（2）预拌抹灰砂浆性能应符合现行国家标准《预拌砂浆》GB/T 25181—2010 的规

定，预拌抹灰砂浆的施工与质量验收应符合现行行业标准《预拌砂浆应用技术规程》JGJ/T 223—2010 的规定。

（3）抹灰砂浆的品种及强度等级应满足设计要求。除特别说明外，抹灰砂浆性能的试验方法应按现行行业标准《建筑砂浆基本性能试验方法标准》JGJ/T 70—2009 执行。

（4）抹灰砂浆强度不宜比基体材料强度高出两个及以上强度等级，并应符合下列规定：

1）对于无粘贴饰面砖的外墙，底层抹灰砂浆宜比基体材料高一个强度等级或等于基体材料强度。

2）对于无粘贴饰面砖的内墙，底层抹灰砂浆宜比基体材料低一个强度等级。

3）对于有粘贴饰面砖的内墙和外墙，中层抹灰砂浆宜比基体材料高一个强度等级且不宜低于 M15，并宜选用水泥抹灰砂浆。

4）孔洞填补和窗台、阳台抹面等宜采用 M15 或 M20 水泥抹灰砂浆。

（5）配制强度等级不大于 M20 的抹灰砂浆，宜用 32.5 级通用硅酸盐水泥或砌筑水泥；配制强度等级大于 M20 的抹灰砂浆，宜用强度等级不低于 42.5 级的通用硅酸盐水泥。通用硅酸盐水泥宜采用散装的。

（6）用通用硅酸盐水泥拌制抹灰砂浆时，可掺入适量的石灰膏、粉煤灰、粒化高炉矿渣粉、沸石粉等，不应掺入消石灰粉。用砌筑水泥拌制抹灰砂浆时，不得再掺加粉煤灰等矿物掺合料。

（7）拌制抹灰砂浆可根据需要掺入改善砂浆性能的添加剂。

（8）抹灰砂浆的品种宜根据使用部位或基体种类按表 1-1 选用。

表 1-1　抹灰砂浆的品种选用

使用部位或基体种类	抹灰砂浆品种
内墙	水泥抹灰砂浆、水泥石灰抹灰砂浆、水泥粉煤灰抹灰砂浆、掺塑化剂水泥抹灰砂浆、聚合物水泥抹灰砂浆、石膏抹灰砂浆
外墙、门窗洞口外侧壁	水泥抹灰砂浆、水泥粉煤灰抹灰砂浆
温（湿）度较高的车间和房屋、地下室、屋檐、勒脚等	水泥抹灰砂浆、水泥粉煤灰抹灰砂浆
混凝土板和墙	水泥抹灰砂浆、水泥石灰抹灰砂浆、聚合物水泥抹灰砂浆、石膏抹灰砂浆
混凝土顶棚、条板	聚合物水泥抹灰砂浆、石膏抹灰砂浆
加气混凝土砌块（板）	水泥石灰抹灰砂浆、水泥粉煤灰抹灰砂浆、掺塑化剂水泥抹灰砂浆、聚合物水泥抹灰砂浆、石膏抹灰砂浆

（9）抹灰砂浆的施工稠度宜按表 1-2 选取。聚合物水泥抹灰砂浆的施工稠度宜为 50~60mm，石膏抹灰砂浆的施工稠度宜为 50~70mm。

表 1-2　抹灰砂浆的施工稠度（mm）

抹 灰 层	施工稠度
底层	90~110
中层	70~90
面层	70~80

（10）抹灰砂浆的搅拌时间应自加水开始计算，并应符合下列规定：

1）水泥抹灰砂浆和混合砂浆的搅拌时间不得小于 120s。

2）预拌砂浆和掺有粉煤灰、添加剂等的抹灰砂浆的搅拌时间不得小于 180s。

（11）抹灰砂浆施工应在主体结构质量验收合格后进行。

（12）抹灰砂浆施工配合比确定后，在进行外墙及顶棚抹灰施工前，宜在实地制作样板，并应在规定龄期进行拉伸粘结强度试验。检验外墙及顶棚抹灰工程质量的砂浆拉伸粘结强度应在工程实体上取样检测。抹灰砂浆拉伸粘结强度试验方法应按规程进行。

（13）抹灰前的准备工作应符合下列规定：

1）应检查栏杆、预埋件等位置的准确性和连接的牢固性。

2）应将基层的孔洞、沟槽填补密实、整平，且修补找平用的砂浆应与抹灰砂浆一致。

3）应清除基层表面的浮灰，并宜洒水润湿。

（14）抹灰层的平均厚度宜符合下列规定：

1）内墙：普通抹灰的平均厚度不宜大于 20mm，高级抹灰的平均厚度不宜大于 25mm。

2）外墙：墙面抹灰的平均厚度不宜大于 20mm，勒脚抹灰的平均厚度不宜大于 25mm。

3）顶棚：现浇混凝土抹灰的平均厚度不宜大于 5mm，条板、预制混凝土抹灰的平均厚度不宜大于 10mm。

4）蒸压加气混凝土砌块基层抹灰平均厚度宜控制在 15mm 以内，当采用聚合物水泥砂浆抹灰时，平均厚度宜控制在 5mm 以内，采用石膏砂浆抹灰时，平均厚度宜控制在 10mm 以内。

（15）抹灰应分层进行，水泥抹灰砂浆每层厚度宜为 5～7mm，水泥石灰抹灰砂浆每层厚度宜为 7～9mm，并应待前一层达到六七成干后再涂抹后一层。

（16）强度高的水泥抹灰砂浆不应涂抹在强度低的水泥抹灰砂浆基层上。

（17）当抹灰层厚度大于 35mm 时，应采取与基体粘结的加强措施。不同材料的基体交接处应设加强网，加强网与各基体的搭接宽度不应小于 100mm。

（18）各层抹灰砂浆在凝结硬化前，应防止暴晒、淋雨、水冲、撞击、振动。水泥抹灰砂浆、水泥粉煤灰抹灰砂浆和掺塑化剂水泥抹灰砂浆宜在润湿的条件下养护。

3. 抹灰砂浆配合比

（1）水泥抹灰砂浆不同配合比的材料用量可参照表 1-3。

表 1-3 水泥抹灰砂浆不同配合比的材料用量（kg/m³）

强 度 等 级	水 泥	砂	水
M15	330～380		
M20	380～450	1m³ 砂的堆积密度值	250～300
M25	400～450		
M30	460～530		

（2）水泥粉煤灰抹灰砂浆不同配合比的材料用量可参照表 1-4。

表1-4 水泥粉煤灰抹灰砂浆不同配合比的材料用量（kg/m³）

强度等级	水 泥	粉 煤 灰	砂	水
M5	250~290	内掺，等量取代水泥量的 10%~30%	1m³砂的堆积密度值	270~320
M10	320~350			
M15	350~400			

（3）水泥石灰抹灰砂浆配合比的材料用量可参照表1-5。

表1-5 水泥石灰抹灰砂浆配合比的材料用量（kg/m³）

强度等级	水 泥	石 灰 膏	砂	水
M2.5	200~230	（350~400）-C	1m³砂的堆积密度值	180~280
M5	230~280			
M7.5	280~330			
M10	330~380			

注：表中 C 为水泥用量。

（4）掺塑化剂水泥抹灰砂浆配合比的材料用量可参照表1-6。

表1-6 掺塑化剂水泥抹灰砂浆配合比的材料用量（kg/m³）

强度等级	水 泥	砂	水
M5	260~300	1m³砂的堆积密度值	250~280
M10	330~360		
M15	360~410		

（5）抗压强度为4.0MPa石膏抹灰砂浆配合比的材料用量可参照表1-7。

表1-7 抗压强度为4.0MPa石膏抹灰砂浆配合比的材料用量（kg/m³）

石 膏	砂	水
450~650	1m³砂的堆积密度值	260~400

1.3.2 胶凝材料

1. 水泥

水泥是由石灰质原料、黏土质原料与少数校正原料（如石英砂岩、钢渣等）破碎后按比例配合、磨细并调配成为成分合适的生料，经高温（1450℃）煅烧至部分熔融制成熟料，再加入适量的调凝剂（石膏）、混合材料（如粉煤灰、粒化高炉矿渣等）、活性或非活性混合材料，共同磨细而成的一种粉状无机水硬性胶凝材料，它加水拌和成塑性浆体，能胶结砂石等材料，既能在空气中硬化，又能在水中硬化，并保持、发展其强度。

水泥是当代最重要的建筑材料之一，目前广泛应用于工业、农业、国防、交通、城市建设、水利以及海洋开发等工程建设中。

　　（1）通用硅酸盐水泥。通用硅酸盐水泥是以硅酸盐水泥熟料和适量的石膏及规定的混合材料制成的水硬性胶凝材料。通用硅酸盐水泥按混合材料的品种和掺量分为硅酸盐水泥、普通硅酸盐水泥、矿渣硅酸盐水泥、火山灰质硅酸盐水泥、粉煤灰硅酸盐水泥和复合硅酸盐水泥，如图1-3~图1-7所示。

　　1）通用硅酸盐水泥的组分应符合表1-8的规定。

图1-3　普通硅酸盐水泥

图1-4　矿渣硅酸盐水泥

图1-5　火山灰质硅酸盐水泥

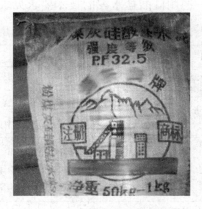

图1-6　粉煤灰硅酸盐水泥

图1-7　复合硅酸盐水泥

表 1 – 8　通用硅酸盐水泥的组分（%）

品　种	代号	组分（质量分数）				
		熟料 + 石膏	粒化高炉矿渣	火山灰质混合材料	粉煤灰	石灰石
硅酸盐水泥	P·Ⅰ	100	—	—	—	—
	P·Ⅱ	≥95	≤5	—	—	—
		≥95	—	—	—	≤5
普通硅酸盐水泥	P·O	≥80 且 <95	>5 且≤20			—
矿渣硅酸盐水泥	P·S·A	≥50 且 <80	>20 且≤50	—	—	—
	P·S·B	≥30 且 <50	>50 且≤70	—	—	—
火山灰质硅酸盐水泥	P·P	≥60 且 <80	—	>20 且≤40	—	—
粉煤灰硅酸盐水泥	P·F	≥60 且 <80	—	—	>20 且 ≤40	—
复合硅酸盐水泥	P·C	≥50 且 <80	>20 且≤50			

2）通用硅酸盐水泥的技术要求见表 1 – 9。

表 1 – 9　通用硅酸盐水泥的技术要求

项　目	要　求
化学指标	通用硅酸盐水泥的化学指标应符合表 1 – 10 的规定
碱含量	水泥中碱含量按 $Na_2O + 0.658K_2O$ 计算值表示。若使用活性骨料，用户要求提供低碱水泥时，水泥中的碱含量不应大于 0.60% 或由买卖双方协商确定
凝结时间	硅酸盐水泥初凝不小于 45min，终凝不大于 390min 普通硅酸盐水泥、矿渣硅酸盐水泥、火山灰质硅酸盐水泥、粉煤灰硅酸盐水泥和复合硅酸盐水泥初凝不小于 45min，终凝不大于 600min
安定性	沸煮法合格
细度	硅酸盐水泥和普通硅酸盐水泥以比表面积表示，不小于 $300m^2/kg$；矿渣硅酸盐水泥、火山灰质硅酸盐水泥、粉煤灰硅酸盐水泥和复合硅酸盐水泥以筛余表示，$80\mu m$ 方孔筛筛余不大于 10% 或 $45\mu m$ 方孔筛筛余不大于 30%

3）通用硅酸盐水泥的化学指标见表 1 – 10。

表 1 – 10　通用硅酸盐水泥的化学指标

品　种	代号	不溶物（质量分数）	烧失量（质量分数）	三氧化硫（质量分数）	氧化镁（质量分数）	氯离子（质量分数）
硅酸盐水泥	P·Ⅰ	≤0.75	≤3.0	≤3.5	≤5.0[①]	≤0.06[③]
	P·Ⅱ	≤1.50	≤3.5			

续表 1 - 10

品　　种	代号	不溶物 （质量分数）	烧失量 （质量分数）	三氧化硫 （质量分数）	氧化镁 （质量分数）	氯离子 （质量分数）
普通硅酸盐水泥	P·O	—	≤5.0	≤3.5	≤5.0[①]	
矿渣硅酸盐水泥	P·S·A	—		≤4.0	≤6.0[②]	
	P·S·B	—			—	≤0.06[③]
火山灰质硅酸盐水泥	P·P	—				
粉煤灰硅酸盐水泥	P·F	—		≤3.5	≤6.0[②]	
复合硅酸盐水泥	P·C	—				

注：①是指如果水泥压蒸试验合格，则水泥中氧化镁的含量（质量分数）允许放宽至 6.0%。

②是指如果水泥中氧化镁的含量大于 6.0%，需进行水泥压蒸安定性试验并合格。

③是指当有更低要求时，该指标由买卖双方协商确定。

4）通用硅酸盐水泥的主要特征见表 1 - 11。

表 1 - 11　通用硅酸盐水泥的主要特征

水泥品种	优　　点	缺　　点
硅酸盐水泥	①早期强度高 ②凝结硬化快 ③抗冻性好	①水化热较高 ②耐热性较差 ③耐酸碱和硫酸盐类的化学侵蚀性差
普通硅酸盐水泥	①早期强度高 ②凝结硬化快 ③抗冻性好	①水化热较高 ②耐热性较好 ③抗水性差 ④耐酸碱和硫酸盐类的化学侵蚀性差
矿渣硅酸盐水泥	①对硫酸盐类侵蚀的抵抗能力及抗水性好 ②耐热性好 ③水化热低 ④在蒸汽养护中强度发展较快 ⑤在潮湿环境中后期强度增长率大	①早期强度较低，凝结较慢，在低温环境中尤甚 ②抗冻性较差 ③干缩性大，有泌水现象
火山灰质硅酸盐水泥	①对硫酸盐类侵蚀的抵抗能力及抗水性较好 ②水化热较低 ③在潮湿环境中后期强度增长率大 ④在蒸汽养护中强度发展较快	①早期强度低，凝结较慢，在低温环境中尤甚 ②抗冻性较差 ③吸水性大 ④干缩性较大
粉煤灰硅酸盐水泥	①水化热较低 ②对硫酸盐类浸蚀的抵抗能力及抗水性好 ③干缩性小 ④耐磨性好 ⑤后期强度增长率大	①早期强度低 ②耐热性较差，抗冻性较差 ③抗碳化能力较差

5）常用水泥品种的选用见表1-12。

表1-12　常用水泥品种的选用

混凝土工程特点或所处的环境条件		优先选用	可以选用	不宜选用
普通混凝土	在普通气候环境中的混凝土	普通硅酸盐水泥	矿渣硅酸盐水泥 火山灰质硅酸盐水泥 粉煤灰硅酸盐水泥	—
	在干燥环境条件中的混凝土	普通硅酸盐水泥	矿渣硅酸盐水泥	火山灰质硅酸盐水泥 粉煤灰硅酸盐水泥
	在高温环境中或处于水下的混凝土	矿渣硅酸盐水泥	矿渣硅酸盐水泥 火山灰质硅酸盐水泥 粉煤灰硅酸盐水泥	—
	厚大体积的混凝土	粉煤灰硅酸盐水泥 矿渣硅酸盐水泥 火山灰质硅酸盐水泥	普通硅酸盐水泥	硅酸盐水泥 快硬硅酸盐水泥
有特殊要求的混凝土	要求快硬的混凝土	快硬硅酸盐水泥 硅酸盐水泥	普通硅酸盐水泥	矿渣硅酸盐水泥 火山灰质硅酸盐水泥 粉煤灰硅酸盐水泥
	高强混凝土（大于C40）	硅酸盐水泥	普通硅酸盐水泥 矿渣硅酸盐水泥	火山灰质硅酸盐水泥 粉煤灰硅酸盐水泥
	严寒地区的露天混凝土和处在水位升降范围内的混凝土	普通硅酸盐水泥	矿渣硅酸盐水泥	火山灰质硅酸盐水泥 粉煤灰硅酸盐水泥
	严寒地区处在水位升降范围内的混凝土	普通硅酸盐水泥	—	矿渣硅酸盐水泥 火山灰质硅酸盐水泥 粉煤灰硅酸盐水泥
	有抗渗要求的混凝土	普通硅酸盐水泥 火山灰质硅酸盐水泥	—	矿渣硅酸盐水泥
	有耐磨性要求的混凝土	硅酸盐水泥 普通硅酸盐水泥	矿渣硅酸盐水泥	火山灰质硅酸盐水泥 粉煤灰硅酸盐水泥

6）水泥强度等级的选择。

①硅酸盐水泥的强度等级可分为 42.5、42.5R、52.5、52.5R、62.5、62.5R 六个等级。

②普通硅酸盐水泥的强度等级可分为 42.5、42.5R、52.5、52.5R 四个等级。

③矿渣硅酸盐水泥、火山灰质硅酸盐水泥、粉煤灰硅酸盐水泥、复合硅酸盐水泥的强度等级可分为 32.5、32.5R、42.5、42.5R、52.5、52.5R 六个等级。

不同品种不同强度等级的通用硅酸盐水泥，其各龄期的强度应符合表 1-13 的规定。

表 1-13 通用硅酸盐水泥的强度（MPa）

品　　种	强度等级	抗压强度		抗折强度	
		3d	28d	3d	28d
硅酸盐水泥	42.5	≥17.0	≥42.5	≥3.5	≥6.5
	42.5R	≥22.0		≥4.0	
	52.5	≥23.0	≥52.5	≥4.0	≥7.0
	52.5R	≥27.0		≥5.0	
	62.5	≥28.0	≥62.5	≥5.0	≥8.0
	62.5R	≥32.0		≥5.5	
普通硅酸盐水泥	42.5	≥17.0	≥42.5	≥3.5	≥6.5
	42.5R	≥22.0		≥4.0	
	52.5	≥23.0	≥52.5	≥4.0	≥7.0
	52.5R	≥27.0		≥5.0	
矿渣硅酸盐水泥 火山灰质硅酸盐水泥 粉煤灰硅酸盐水泥 复合硅酸盐水泥	32.5	≥10.0	≥32.5	≥2.5	≥5.5
	32.5R	≥15.0		≥3.5	
	42.5	≥15.0	≥42.5	≥3.5	≥6.5
	42.5R	≥19.0		≥4.0	
	52.5	≥21.0	≥52.5	≥4.0	≥7.0
	52.5R	≥23.0		≥4.5	

（2）特种水泥。

1）低热微膨胀水泥。低热微膨胀水泥具有低水化热和微膨胀的特性，主要适用于要求较低水化热和要求补偿收缩的混凝土、大体积混凝土，也适用于要求抗渗和抗硫酸盐侵蚀的工程，其定义和技术要求见表 1-14。

表 1-14 低热微膨胀水泥的定义和技术要求

项　　目	内　　容
定义	凡以粒化高炉矿渣为主要组分，加入适量硅酸盐水泥熟料和石膏，磨细制成具有低水化热和微膨胀性能的水硬性胶凝材料，称为低热微膨胀水泥，代号 LHEC
技术要求	①三氧化硫（SO_3）：三氧化硫（SO_3）含量（质量分数）应为 4.0%～7.0% ②比表面积：比表面积不得小于 $300m^2/kg$ ③凝结时间：初凝不得早于 45min，终凝不得迟于 12h；也可由生产单位和使用单位商定

续表 1 – 14

项　　目	内　　容
技术要求	④安定性：用沸煮法检验，必须合格 ⑤强度：各龄期强度不得低于表 1 – 15 中的数值 ⑥水化热：水泥的各龄期水化热不应大于表 1 – 16 的数值 ⑦线膨胀率：水泥净浆试体水中养护时各龄期的线膨胀率应符合以下要求： 1d 不得小于 0.05% 7d 不得小于 0.10% 28d 不得小于 0.60% ⑧氯离子：水泥的氯离子含量（质量分数）不得大于 0.06%

表 1 – 15　水泥的等级与各龄期强度（MPa）

强度等级	抗压强度		抗折强度	
	7d	28d	7d	28d
32.5	18.0	32.5	5.0	7.0

表 1 – 16　水泥的各龄期水化热（kJ/kg）

强度等级	水　化　热	
	3d	7d
32.5	185	220

2）抗硫酸盐硅酸盐水泥如图 1 – 8 所示。抗硫酸盐硅酸盐水泥的定义及技术要求见表 1 – 17。

图 1 – 8　抗硫酸盐硅酸盐水泥

表 1 – 17 抗硫酸盐硅酸盐水泥的定义及技术要求

项　目	内　容
分类与定义	按其抗硫酸盐侵蚀程度分为中抗硫酸盐硅酸盐水泥和高抗硫酸盐硅酸盐水泥两类 以特定矿物组成的硅酸盐水泥熟料,加入适量石膏,磨细制成的具有抵抗中等浓度硫酸根离子侵蚀的水硬性胶凝材料,称为中抗硫酸盐硅酸盐水泥,简称中抗硫水泥,代号 P·MSR 以特定矿物组成的硅酸盐水泥熟料,加入适量石膏,磨细制成的具有抵抗较高浓度硫酸根离子侵蚀的水硬性胶凝材料,称为高抗硫酸盐硅酸盐水泥,简称高抗硫水泥,代号 P·HSR
技术要求	①组分 中抗硫水泥:硅酸三钙含量≤55.0%,铝酸三钙含量≤5.0% 高抗硫水泥:硅酸三钙含量≤50.0%,铝酸三钙含量≤3.0% ②烧失量:水泥中烧失量不大于 3.0% ③氧化镁(MgO):氧化镁(MgO)含量不大于 5.0%。如果经过压蒸安定性试验合格,则水泥中氧化镁(MgO)含量允许放宽到 6.0% ④三氧化硫(SO₃):水泥中三氧化硫的含量不应大于 2.5% ⑤不溶物:水泥中的不溶物不应大于 1.5% ⑥比表面积:水泥的比表面积不应小于 280m²/kg ⑦凝结时间:初凝时间不应早于 45min,终凝时间不应迟于 10h ⑧安定性:用沸煮法检验,必须合格 ⑨各龄期强度:各龄期抗压强度和抗折强度不应低于表 1 – 18 的数值 ⑩抗硫酸盐性 中抗硫水泥 14d 线膨胀率不应大于 0.060% 高抗硫水泥 14d 线膨胀率不应大于 0.040%

表 1 – 18　水泥的强度等级和各龄期的强度 (MPa)

强度及龄期 强度等级	抗压强度		抗折强度	
	3d	28d	3d	28d
32.5	10.0	32.5	2.5	6.0
42.5	15.0	42.5	3.0	6.5

3)钢渣硅酸盐水泥。钢渣硅酸盐水泥适用于一般工业与民用建筑、地下工程与防水工程、大体积混凝土工程等。钢渣硅酸盐水泥的定义及技术要求应符合表 1 – 19 的规定。

表 1 – 19　钢渣硅酸盐水泥的定义及技术要求

项　目	内　容
定义	凡由硅酸盐水泥熟料和转炉或电炉钢渣(简称钢渣)、适量粒化高炉矿渣、石膏,磨细制成的水硬性胶凝材料,称为钢渣硅酸盐水泥,水泥中的钢渣掺加量(按质量的百分比计)不应少于 30%,代号为 P·SS

续表 1 – 19

项 目	内 容
技术要求	①三氧化硫：水泥中的三氧化硫含量不得超过 4.0% ②比表面积：水泥比表面积不得小于 350m²/kg ③凝结时间：初凝时间不得早于 45min，终凝时间不得迟于 12h ④安定性：必须合格。用氧化镁含量大于 13%的钢渣制成的水泥，经压蒸安定性检验，必须合格 ⑤强度：钢渣硅酸盐水泥强度等级分为 32.5、42.5。各强度等级水泥的各龄期强度均不得低于表 1 – 20 中的数值

表 1 – 20　水泥的强度等级与各龄期强度（MPa）

强 度 等 级	抗 压 强 度		抗 折 强 度	
	3d	28d	3d	28d
32.5	10.0	32.5	2.5	5.5
42.5	15.0	42.5	3.5	6.5

4）硫铝酸盐水泥。硫铝酸盐水泥是以适当成分的生料，经煅烧所得以无水硫铝酸钙和硅酸二钙为主要矿物成分的水泥熟料掺加不同量的石灰石、适量石膏共同磨细制成的具有水硬性的胶凝材料。硫铝酸盐水泥分为快硬硫铝酸盐水泥（图 1 – 9）、低碱度硫铝酸盐水泥（图 1 – 10）、自应力硫铝酸盐水泥，其定义及技术要求见表 1 – 21。

图 1 – 9　快硬硫铝酸盐水泥

图 1 – 10　低碱度硫铝酸盐水泥

表 1 – 21　硫铝酸盐水泥的定义及技术要求

项 目	内 容
定义	快硬硫铝酸盐水泥：由适当成分的硫铝酸盐水泥熟料和少量石灰石、适量石膏共同磨细制成的，具有早期强度高特性的水硬性胶凝材料，代号 R·SAC 低碱度硫铝酸盐水泥：由适当成分的硫铝酸盐水泥熟料和较多量石灰石、适量石膏共同磨细制成的，具有碱度低特性的水硬性胶凝材料，代号 L·SAC 自应力硫铝酸盐水泥：由适当成分的硫铝酸盐水泥熟料加入适量石膏磨细制成的具有膨胀性的水硬性胶凝材料，代号 S·SAC

续表 1-21

项　　目	内　　容
技术要求	①硫铝酸盐水泥物理性能、碱度和碱含量应符合表 1-22 的规定 ②强度指标 　a. 快硬硫铝酸盐水泥各强度等级水泥不应低于表 1-23 的数值 　b. 低碱度硫铝酸盐水泥各强度等级水泥不应低于表 1-24 的数值 　c. 自应力硫铝酸盐水泥所有自应力等级的水泥抗压强度 7d 不应小于 32.5MPa，28d 不应小于 42.5MPa。自应力硫铝酸盐水泥各级别各龄期自应力值应符合表 1-25 中的要求

表 1-22　硫铝酸盐水泥性能指标

项　　目		指　　标		
		快硬硫铝酸盐水泥	低碱度硫铝酸盐水泥	自应力硫铝酸盐水泥
比表面积/（m²/kg）		≥350	≥400	≥370
凝结时间①/min	初凝	≤25		≤40
	终凝	≥180		≥240
碱度 pH 值		—	≤10.5	
28d 自由膨胀率（%）		—	0.00 ~ 0.15	—
自由膨胀率（%）	7d	—	—	≤1.30
	28d	—	—	≤1.75
水泥中的碱含量 （$Na_2O + 0.658K_2O$）（%）		—	—	< 0.50
28d 自应力增进率/（MPa/d）		—	—	≤0.010

注：①是指用户要求时，可以变动。

表 1-23　快硬硫铝酸盐水泥强度（MPa）

强度等级	抗 压 强 度			抗 折 强 度		
	1d	3d	28d	1d	3d	28d
42.5	30.0	42.5	45.0	6.0	6.5	7.0
52.5	40.0	52.5	55.0	6.5	7.0	7.5
62.5	50.0	62.5	65.0	7.0	7.5	8.0
72.5	55.0	72.5	75.0	7.5	8.0	8.5

表 1-24　低碱度硫铝酸盐水泥强度（MPa）

强度等级	抗 压 强 度		抗 折 强 度	
	1d	7d	1d	7d
32.5	25.0	32.5	3.5	5.0
42.5	30.0	42.5	4.0	5.5
52.5	40.0	52.5	4.5	6.0

表 1−25　自应力硫铝酸盐水泥的各龄期强度（MPa）

强度等级	抗 压 强 度		抗 折 强 度		
	7d	28d	7d	28d	
3.0			≥2.0	≥3.0	≤4.0
3.5	≥32.5	≥42.5	≥2.5	≥3.5	≤4.5
4.0			≥3.0	≥4.0	≤5.0
4.5			≥3.5	≥4.5	≤5.5

（3）水泥的水化与凝结硬化。水泥由于能够生成水合物，才会凝结、变硬而成为结构材料。水泥和水混合在一起时，立即发生水化反应。水泥和水混合成水泥浆，水泥浆随时间的推移会逐渐僵化、凝结，以致最后硬化。水泥的水化是一个复杂的物理化学过程，它包括：

1）水泥中某些组分的溶解。

2）溶液中的化学反应以及各种电解质离子间相互作用。

3）在溶液中以及固体表面附近水泥水合物及其他沉淀物的生成。

4）水合物及沉淀物在固体表面的沉积，渗透膜的生成。

5）水泥成分透过渗透膜的继续溶解以及沉淀物的不断沉积。

6）水合物晶体的生成、生长以及形态变化。

7）水合物的晶体在固体颗粒空隙间充填、搭桥，从而形成三维结构等。

水泥的水化过程，对于最早形成的水泥材料的结构和性质有极重要的影响。因此，长期以来它是水泥工业研究的一个重要领域，直到最近，有关的研究工作仍然十分活跃。影响水泥水化的因素很多，包括：

1）水泥的组成、颗粒的细度。

2）水/水泥的重量比，叫做水灰比，用 W/C 表示，是一个经常使用的控制量。

3）外加剂的种类、数量及加入方式。

4）温度、湿度、搅拌情况等。

水泥的水化与凝结硬化是一个连续过程，先水化，后凝结，凝结硬化结果如何要取决于水化条件，也就是说，只要水化充分、有良好的水养护条件，其粘结性和质量稳定性都是有可靠保证的。

水泥的强度形成是一个渐进式的过程，在良好的持续性自养护状况下，几年后或更长时间，它的强度仍会有所提高。有一个例证，就是打水泥地面或修建水泥路，当水泥层厚度达到几十公分时，施工后在几个月内不能完全干燥的情况下，工人师傅还要连续很长时间浇水并盖上草帘子进行水养护，其目的主要是让水泥充分水化，减缓水泥的凝结硬化速度，提高水泥的后期强度，降低水泥干缩性，防止产生裂缝等。此外，水泥的水化、凝结硬化速度受环境温度的影响也是很明显的，即环境温度降低时，水泥的水化、凝结硬化速度会慢；而当环境温度升高时，水泥的水化、凝结硬化速度就会随之自动加快。经试验与研究，除特殊养护条件（如水泥预制件等）外，凡是早强、早硬的水泥砂浆，其后期强度都较差，也很容易出现龟裂、空鼓、脱落等现象；凡是晚干、晚硬、晚强的水泥砂浆，其后期强度都较高，抗裂性也较好，也很稳定。因此，早强、早硬的水泥，如硫铝酸盐水泥、白水泥或其他特种水泥等是不宜用于生产聚合物干混砂浆的。

水泥的水化、水养护是水泥砂浆强度形成的必要条件。普通砂浆由于没有加入聚合物树脂胶粉等聚合物，其保水性和利用环境条件自养护能力较差，而聚合物树脂胶粉可以提高水泥初期强度，具有向水泥砂浆提供良好的保水、养护功能，使水泥达到最佳强度，同时控制水泥干缩力，防止裂缝产生等。

（4）水泥保管。

1）储存水泥必须严格防水、防潮，并保持干净。

2）临时露天存放，必须下垫上盖。

3）堆放时，应按厂别、品种、强度等级、批号以及出厂日期严格分开堆放。水泥的储存期一般为三个月，快硬水泥为一个月，储存期超过规定应取样复验，按试验结果的强度等级使用。

2. 石灰

石灰是一种以氧化钙为主要成分的气硬性无机胶凝材料。石灰是用石灰石、白云石、白垩、贝壳等碳酸钙含量高的产物，经900～1100℃高温煅烧而成。石灰是人类最早应用的胶凝材料，如图1-11所示。

石灰的品种、组成、特性和用途见表1-26。

图1-11　石灰

表1-26　石灰的品种、组成、特性和用途

品种	组成	特性和细度要求	用途
块灰 （生石灰）	以碳酸钙（$CaCO_3$）为主的石灰石，经800～1000℃高温煅烧而成，其主要成分为氧化钙（CaO） 	块灰中的灰分含量愈少，质量愈高。通常所说的三七灰，即指三成灰粉七成块灰	用于配制磨细生石灰、离石灰、石灰膏等

续表 1 – 26

品 种	组 成	特性和细度要求	用 途
磨细生石灰（生石灰粉）	由火候适宜的块灰经磨细而成的粉末状物料 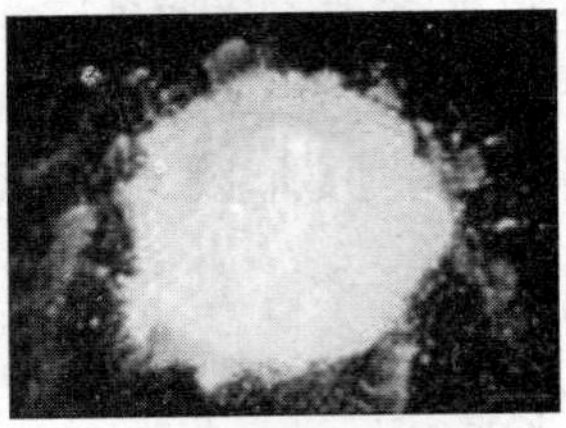	与熟石灰相比，具有快干、高强等特点，便于施工。成品需经 4900 孔/cm² 的筛子过筛	用作硅酸盐建筑制品（砖、瓦、砌块）的原料，并可制作碳化石灰板、砖等制品（碳化制品），还可配制熟石灰、石灰膏等
熟石灰（消石灰）	将生石灰（块灰）淋以适当的水（约为石灰重量的 60%～80%），经熟化作用所得的粉末材料 [Ca(OH)₂] 	需经 3～6mm 的筛子过筛	用于拌制灰土（石灰、黏土）和三合土（石灰、黏土、砂或炉渣）
石灰膏	将块灰加入足量的水，经过淋制熟化而成的石膏状物质 [Ca(OH)₂] 	淋浆时应用 6mm 的网格过滤；应在沉淀池内贮存两周后使用；保水性能好	用于配制石灰砌筑砂浆和抹灰砂浆
石灰乳（石灰水）	将石灰膏用水冲淡所成的浆液状物质	—	用于简易房屋的室内粉刷

3. 石膏

石膏是以硫酸钙为主要成分的传统气硬性胶凝材料之一，如图 1 – 12 所示。在自然界中硫酸钙以两种稳定形态存在，一种是未水化的，叫天然无水石膏（$CaSO_4$），另一种水化程度最高的，称为二水石膏（$CaSO_4 \cdot 2H_2O$）。

生石膏即二水石膏（$CaSO_4 \cdot 2H_2O$），又称天然石膏。

熟石膏是将生石膏加热至 $107 \sim 170℃$，部分结晶水脱出，即成半水石膏。若温度升高至 $190℃$ 以上，则完全失水，变成硬石膏，即无水石膏。半水石膏和无水石膏统称熟石膏。熟石膏品种很多，建筑上常用的有建筑石膏、模型石膏、地板石膏、高强石膏四种。

建筑石膏是将天然二水石膏等原料在一定温度下（一般为 $107 \sim 170℃$）煅烧成熟石膏，经磨细而成的白色粉状物，主要成分是 β 型半水硫酸钙（$CaSO_4 \cdot 1/2H_2O$）。

建筑石膏的用途很广，主要用于室内抹灰、粉刷和生产各种石膏板等。

4. 水玻璃

水玻璃为硅酸盐的水溶液，有无色、微黄、灰白等色。建筑工程中常用的液体水玻璃模数为 $2.6 \sim 2.8$，比重为 $1.36 \sim 1.50$。由于它能溶于水，稀稠和比重可根据需要进行调节，故使用方便。但它在空气中硬化很慢，为了加速硬化，可将水玻璃加热或加入氟硅酸钠作为促凝剂，如图 1 – 13 所示。

图 1 – 12 石膏

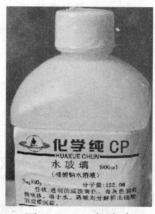

图 1 – 13 水玻璃

水玻璃有良好的粘结能力，硬化时析出的硅酸凝胶能堵塞毛细孔，防止水分渗透。水玻璃还有高度的耐酸性能，能抵抗大多数无机酸和有机酸的侵蚀。因此，在建筑工程中有多种用途。在抹灰工程中，常用水玻璃来配制特种砂浆，用于有耐酸、耐热、防水等要求的工程上，也可与水泥等调制成胶粘剂。

1.3.3 骨料

1. 砂

按产地不同，砂可分为山砂、海砂和河砂。山砂中含有较多粉状黏土和有机质；海砂中含有贝壳、盐分等有害物质，需经处理、检验合格后方可使用；河砂中所含杂质较少，所以使用最多。按直径不同，砂可分为粗砂、中砂和细砂，如图 1 – 14 所示。粗砂的平均直径不小于 $0.5mm$，中砂的平均直径不小于 $0.35mm$，细砂的平均直径不小于 $0.25mm$。砂的密度一般为 $2.6 \sim 2.7g/cm^3$。砂在干燥状态下，其堆密度一般为 $1500kg/m^3$。

图 1 – 14   砂

粗细砂的细度模数 μ_f 范围如下：

(1) 粗砂：$\mu_f = 3.7 \sim 3.1$；

(2) 中砂：$\mu_f = 3.0 \sim 2.3$；

(3) 细砂：$\mu_f = 2.2 \sim 1.6$；

(4) 特细砂：$\mu_f = 1.5 \sim 0.7$。

抹灰用砂最好是中砂，或粗砂与中砂混合掺用。抹灰用砂要求颗粒坚硬洁净，砂在使用前应过筛，不得含有杂物。

2. 石

石分为碎石和卵石，如图 1 – 15 所示。卵石由自然条件作用形成，碎石则经破碎、筛分而成。碎石和卵石均为公称粒径大于 5.00mm 的岩石颗粒。其中，卵石表面较为光滑，少棱角，便于混凝土的泵送和浇筑，但与水泥的胶结较差，且含泥量较高，适用于拌制较低强度等级的混凝土；碎石表面粗糙，多棱角，与水泥胶结牢固，在相同条件下比卵石拌制的混凝土强度高。卵石适用于泵送混凝土，碎石适用于高强度等级的混凝土。

图 1 – 15   石

按粒径，石子可分为 5 ~ 10mm、5 ~ 16mm、5 ~ 20mm、5 ~ 25mm、5 ~ 31.5mm、5 ~ 40mm 等几种不同的规格。石子的表观密度一般为 2.5 ~ 2.7g/cm³。石子在干燥状态下，其堆积密度一般为 1400 ~ 1500kg/m³。

3. 膨胀珍珠岩

以天然酸性玻璃质火山熔岩非金属矿产（包括珍珠岩、松脂岩和黑曜岩等），在 1000 ~ 1300℃ 高温条件下其体积迅速膨胀 4 ~ 30 倍的颗粒状半成品，统称为膨胀珍珠岩，如图 1 – 16 所示。膨胀珍珠岩按产品的堆积密度分为 70 号、100 号、150 号、200 号和 250 号五个标

图 1 – 16   膨胀珍珠岩

号，如需其他标号产品由供需双方商定。各标号产品按性能分为优等品（A）、合格品
（B）两个等级。

膨胀珍珠岩是一种传统的建筑保温材料，应用非常广泛。它的主要性能指标是：容重
为 40.300kg/m³；无论是在高温还是在低温环境下，其热导率均小于 0.17W/（m·K）；
安全使用温度为 800℃；质量吸湿率为 400%；抗冻性能好，在 -20℃ 时，经 15 次冻融粒
度组成不变；耐酸性优良，但耐碱性略差。20 世纪 60 年代初，我国的膨胀珍珠岩制品主
要用于各种热力管道、制冷设备及建筑物的保温绝热。这些膨胀珍珠岩制品具有较小的热
导率，而且无毒无味、不霉及不燃。到 20 世纪 70 年代，随着一些工程对吸声材料的需
要，一种以膨胀珍珠岩为主要原料的吸声材料在我国出现。近年来，膨胀珍珠岩制品的研
究和开发主要着重于使其不仅具有保温绝热及吸声性能，而且具有一定的装饰性和防水
性，在制品生产设备上，向机械化流水线生产发展。但是，由于膨胀珍珠岩吸水率较高，
在墙体温度变化时，珍珠岩因吸水膨胀产生鼓泡开裂现象，降低了材料的保温性能。另
外，由于珍珠岩保温材料多出于珍珠岩与水泥结合体，就出现了难以解决的强度与热导率
的矛盾，这给其作为建筑保温材料带来了致命的缺陷。首先，运用白云石和珍珠岩作内衬
保温介质材料，进行腔体温度对比实验，结果发现，在高温高压下，白云石的保温性能优
于珍珠岩。其次，在常温常压下热导率低的物质，其在高温高压下不一定也具有优异的保
温性。最后，从保温性及压制成型方面考虑，珍珠岩不适合作为合成金刚石的保温传压介
质材料。

4. 膨胀蛭石

蛭石是一种天然矿物，是经 850~1000℃ 高温焙烧，体积
急剧膨胀（6~20 倍）而成的一种金黄色或灰白色的颗粒状
材料，如图 1-17 所示，其堆积密度为 80~200kg/m³，热导
率为 0.046~0.07W/（m·K），用于填充墙壁、楼板及平屋
顶，保温效果佳，可在 1000~1100℃ 下使用。膨胀蛭石也可
与水泥、水玻璃等胶凝材料配合，制成砖、板、管壳等水泥
膨胀蛭石制品、水玻璃膨胀蛭石制品，用于围护结构及管道
保温。

图 1-17 膨胀蛭石

1.3.4 化工材料

1. 颜料

无论生产彩色水泥，还是配制彩色水泥浆、彩色水泥嵌缝料、彩色砂浆、彩色混凝
土，都要使用工程颜料。工程颜料包括白色、黄色、红色、蓝色、绿色、棕色、紫色、黑
色、金银色 9 个系列。

（1）白色系颜料。

1）钛白粉。即二氧化钛（TiO_2），它的遮盖力最强，色牢度高，是性能最优良的白
色颜料。钛白粉有锐钛矿型和金红石型两类，其中，锐钛矿型钛白粉的密度为
3.84g/cm³，耐光性较差，适用于内墙；金红石型钛白粉的密度为 4.26g/cm³，耐光性很
强，可用于外墙。

2）立德粉。即锌钡白（ZnS + BaSO₄），它的遮盖力仅次于钛白粉。密度为 4.14 ～ 4.34g/cm³，在日光长期照射下会变色，一般用于内墙。

3）锌白。即锌氧粉（ZnO），遮盖力次于立德粉，密度为 5.61g/cm³，不溶于水和酒精，只溶于酸和氢氧化钠等溶液，高温和长期存放泛黄，只用于内墙。

4）滑石粉。即碱式硅酸镁［Mg₂（Si₄O₁₀）（OH）₂］，建筑用细度为 140 ～ 325 目之间，白度约为 90%，多数产品呈浅灰色，因而不宜用于白度要求高的粉刷中。

5）碳酸钙粉。为极细的 CaCO₃ 白色晶体粉末，极难溶于水，天然矿物有石灰石、方解石、白垩和大理石等，化工产品有轻质沉淀碳酸钙和重质沉淀碳酸钙两种。

6）大白粉。又名白垩（CaCO₃），是由方解石质的碎屑和昆虫、软体动物与球菌组成的沉积岩，质地松软，粉碎过筛加工后即为大白粉。只宜用于内墙。

7）老粉。又名方解石粉（CaCO₃），是由方解石及其他碳酸钙含量高的石灰岩粉碎加工而成。只宜用于内墙。

此外，白色系颜料中还有铅白和锑白，由于铅白有毒，锑白只能溶解于浓盐酸、浓硫酸和浓碱，所以已极少采用。

（2）黄色系颜料。

1）氧化铁黄。俗称铁黄、茄门黄，即含水氧化铁（Fe₂O₃ · xH₂O），是颗粒细度为 1 ～ 3μm 的黄色粉末，在黄色系颜料中遮盖力最强，通常不大于 15g/m²，耐碱性、耐光性、耐候性和耐污染性都很好，价格十分便宜，可用于外墙粉刷，是首选产品。

2）铬黄。即铬酸铅（PbCrO₄），包括柠檬黄、浅铬黄、中铬黄、深铬黄和橘铬黄等品种，遮盖力（50 ～ 90g/m²）随明度的降低而增大，但它们的遮盖力都不如氧化铁黄，价格也比氧化铁黄高。可用于内外墙粉刷。

3）锌黄。即锌铬黄（ZnCrO₄），着色力和遮盖力（120g/m²）都不如铬黄，价格却比铬黄高。这是因为它的耐光性和耐热性都十分优良，甚至在 150℃ 的温度下也不会分解变色。所以，只在有特殊要求场合选用。

4）镉黄。即硫化镉（CdS），耐光性、耐碱性和耐热性俱佳，遮盖力为 50g/m²，因价格很贵，尽量不选用。

（3）红色系颜料。

1）氧化铁红。即氧化铁（Fe₂O₃），俗称铁丹、铁朱、锈红、西红、西粉红、印度红、红土和土红，是粒径为 0.5 ～ 2μm 的粉末。它的耐碱性、耐热性、耐光性、耐候性和耐污染性都很好，而且价格低廉，可用于外墙粉刷，是红色系颜料中的首选品种。

2）银朱。即硫化汞（HgS），有高度的着色力、遮盖力、耐酸性和耐碱性，但价格很贵，而且只溶解于王水，所以很少采用。

3）镉红。即硒硫化镉（3CdS · 2CdSe），耐热、耐光、耐酸性能优良，但耐碱差，在装饰装修工程中很少采用。

（4）蓝色系颜料。

1）群青。半透明蓝色粉末，粒径为 0.5 ～ 3μm。耐碱性、耐热性、耐光性、耐候性都很好，但不耐酸。价格便宜，可用于外墙，应优先选用。

2）钴蓝。即铝酸钴［Co（AlO₂）₂］，是一种带绿光的蓝色颜料，耐光性、耐热性、耐碱性、耐酸性都很好。可用于外墙粉刷。

（5）绿色系颜料。

1）铬绿。即氧化铬，是铅铬黄和普鲁士蓝的混合物，其色相随两种组分比例的不同而有所区别。遮盖力强，耐光性、耐热性、耐候性能都好，但不耐酸、碱，所以使用受到局限。

2）群青与氧化铁黄配用。由于群青与氧化铁黄均耐碱，所以通常采用这一配方。

（6）棕色系颜料。以氧化铁棕为主，氧化铁棕（Fe₂O₃ + Fe₃O₄）是氧化铁红和氧化铁黑的机械混合物，其中氧化铁红的含量占85%以上。有时掺入氧化铁黄调节氧化铁棕的深浅。

（7）紫色系颜料。俗称铁紫，是用氧化铁黑经高温煅烧而得到的一种紫红色粉末（由 Fe₃O₄ 烧制的 Fe₂O₃）。也可用氧化铁红和群青配用代替。

（8）黑色系颜料。

1）氧化铁黑。俗称铁黑（Fe₃O₄ 或 Fe₂O₃·FeO），遮盖力非常高，着色力也很强（仅次于炭黑），耐候性及耐碱性都很好，具有一定的磁性。价格便宜，可用于外墙粉刷，是黑色系颜料中首选的品种。

2）炭黑。俗称墨灰、乌烟（C），分为硬质炭黑（槽黑）和软质炭黑（炉黑）两种，遮盖力极强，价格与铁黑相仿。由于相对密度较小，在调配粉刷用的浆料时，不易搅匀。

3）锰黑。即二氧化锰（MnO₂），为黑色或黑棕色晶体或无定形粉末，遮盖力很强，但不溶解于水和硝酸。

4）松烟。着色力和遮盖力都很好。

（9）金银色系颜料。

1）金粉。俗称黄铜粉或铜粉，实为铜锌合金，按铜和锌的不同比例，可制出青金色、黄金色和红金色等不同色调的颜料。遮盖力极高，反光性很强，颗粒呈平滑的鳞片状。其质量和细度有关，一般为170～400目，高级产品的细度可达1000目以上。在装饰装修工程中通常用于代替"贴金"或用作金色涂料（涂金）。为长期保持其鲜艳明亮的光泽，通常在金粉涂层外面另加清漆覆盖。

2）银粉。即铝粉，用它可以调制仿银涂料、防锈涂料。在建筑工程上，铝粉还是生产加气混凝土的加气剂。

2. 添加剂

（1）聚醋酸乙烯乳液。聚醋酸乙烯乳液俗称白乳胶，是由44%的醋酸乙烯和4%的乙烯醇（分散剂），以及增韧剂、消泡剂、乳化剂等聚合而成，为乳白色稠厚液体，其含固量为（50±2）%，pH值为4～6。可用水对稀，但稀释不宜超过100%，不能用10℃以下的水对稀。乳液有效期为3～6个月，如图1-18所示。

（2）二元乳液。白色水溶液胶粘剂，性能和耐久性较好，用于高级装饰工程。

图1-18 白乳胶

（3）木质素磺酸钙。木质素磺酸钙为棕色粉末，是造纸工业的副产品。它是混凝土常用的减水剂之一，在抹灰工程中掺入聚合物水泥砂浆中可减少用水量 10% 左右，并起到分散剂作用。木质素磺酸钙能使水泥水化时产生的氢氧化钙均匀分散，并有减轻氢氧化钙析出表面的趋势，在常温下施工时能有效地克服面层颜色不匀的现象。掺量为水泥用量的 0.3% 左右，如图 1-19 所示。

图 1-19　木质素磺酸钙

（4）邦家 108 胶。是一种新型胶粘剂，属于不含甲醛的乳液，如图 1-20 所示，其作用如下：

1）提高面层的强度，不致粉酥掉面。

2）增加涂层的柔韧性，减少开裂的倾向。

3）加强涂层与基层之间的粘结性能，不易爆皮剥落。

（5）HB 型高效砂浆增稠粉。为浅灰色粉体，中性偏碱，pH 值为 8~10。使用它能全部取代混合砂浆中的石灰膏，改善和提高砂浆的和易性，提高砂浆保水性，使砂浆不泌水、不分层、不沉淀。

图 1-20　108 胶

3. 草酸（乙二酸）

草酸为无色透明晶体，有块状或粉末状。通常成二水物，比重为 1.653，熔点为 101~120℃。无水物体积密度为 1.9，熔点为 189.5℃（分解），在约 157℃时升华，溶于水、乙醇和乙醚。在 100g 水中的溶解度为：水温为 20℃时，能溶解 10g；水温为 100℃时，能溶解 120g。草酸是有毒化工原料，不能接触食物，对皮肤有一定腐蚀性，应注意保管，如图 1-21 所示。

图 1-21　草酸

草酸在抹灰工程中，主要用于水磨石地面的酸洗。

1.3.5 其他材料

主要有麻刀、纸筋、稻草、玻璃丝等，用在抹灰层中起拉结和骨架作用，提高抹灰层的抗拉强度，增加抹灰层的弹性和耐久性，使抹灰层不易裂缝脱落。

1. 麻刀

以均匀、坚韧、干燥、不含杂质为宜，使用时将麻丝剪成 2～3cm 长，随用随敲打松散，每 100kg 石灰膏约掺 1kg，即成麻刀灰，如图 1-22 所示。

2. 纸筋（草纸）

在淋石灰时，先将纸筋撕碎，除去尘土，用清水浸透，然后按 100kg 石灰膏掺纸筋2.75kg 的比例掺入淋灰池。使用时需用小钢磨搅拌打细，并用 3mm 孔径筛过滤成纸筋灰，如图 1-23 所示。

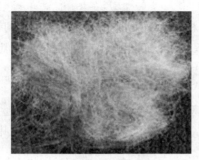

图 1-22　麻刀

图 1-23　纸筋

3. 稻草

切成不长于 3cm 并经石灰水浸泡 15d 后使用较好。也可用石灰（或火碱）浸泡软化后轧磨成纤维质当纸筋使用。

4. 玻璃丝

将玻璃丝切成 1cm 长左右，每 100kg 石灰膏掺入 200～300g，搅拌均匀成玻璃丝灰，如图 1-24 所示。玻璃丝耐热、耐腐蚀，抹出墙面洁白光滑，而且价格便宜，但操作时需防止玻璃丝刺激皮肤，应注意劳动保护。

5. 界面剂

界面剂是通过对物体表面进行处理，该处理可能是物理作用的吸附或包覆，也经常是物理化学的作用，目的是改善或完全改变材料表面的物理技术性能和表面化学特性，改变物体界面物理化学特性的产品，也可以称为界面改性剂，如图 1-25 所示。对物体表面进行处理，以改善材料的表面性能，称为表面处理。

界面剂在不同领域都有应用，对物体表面处理工艺手段及目的也都不同，常见的界面剂对物体界面的处理与改性可分为四种工艺类型：润湿与浸渍、涂层处理、偶联剂处理以及表面改性。适用于混凝土、加气混凝土、小型砌块、轻质隔墙、砖混墙面、腻子批刮、瓷砖粘结、砖石背涂及保温板材等的基层界面预处理。

（1）分类及性能。常见界面剂分为干粉型和乳液型两种。

图 1 - 24　玻璃丝

图 1 - 25　界面剂

1）干粉型界面剂：干粉型界面剂是由水泥等无机胶凝材料、填料、聚合物胶粉和相关的外加剂组成的粉状物，具有高粘结力，优秀的耐水性、耐老化性。使用时按一定比例掺水搅拌使用。

2）乳液型界面剂：乳液型界面剂以化学高分子材料为主要成分，辅以其他填料制成。乳液型界面剂按其组成及适用基层又分为单组份和双组份，双组份产品使用时需按比例掺加水泥。

（2）特点。

1）双向渗透粘结，产生放射性链式锚固效应将双向材料永久牢固地粘结在一起。

2）具有高度的柔软坚韧性和良好的透气性，抗冻融、耐水、耐老化，无毒无味、无污染，为绿色环保产品。

3）具有良好的抗酸碱性和耐候性能，良好的与酸、碱性材料的适应性和亲和性。

4）可在潮湿环境下施工与硬化，施工简便快速。

（3）使用方法。

1）可采用滚筒涂刷或机械喷涂的方法，喷刷于待处理基层或保温板材表面即可。

2）水泥：砂：界面剂 = 1：2：0.5 比例混合搅拌均匀，直接涂甩于待处理基层表面即可。

（4）施工工艺。

1）施工环境须干燥，相对湿度应小于70%，通风良好。基面及环境的温度不应低于 +5℃。

2）基面准备：基面应该干净、不松动、无灰尘，油脂、青苔、地毯胶等应清除掉，松动及开裂部位应事先凿除并修补好。

3）搅拌：每袋粉料（20公斤）加10升的水（水：粉 = 0.5：1），须用电动设备进行搅拌，搅拌成均匀的稀浆状。

4）涂刷与干燥：用滚筒或毛刷把浆料涂刷到基面上，不能漏刷，然后让涂面干燥（约12h）。

5）养护与成品保护：必须加强通风，自然养护即可，待浆料实干（表面变灰黑色）并确认完全封闭基面后方可开展后续的工序。

6）工具的清洗：凝固的浆料很难清除。工具用后，应尽快用水清洗干净。

1.4 抹灰工常用工机具

1.4.1 常用工具

抹灰工常用工具见表 1 – 27。

表 1 – 27 抹灰工常用工具

工具名称	图 示	用 途
铁抹子		俗称钢板，有方头和圆头两种，常用于涂抹底层灰或水刷石、水磨石面层
钢皮抹子	—	与铁抹子外形相似，但是比较薄，弹性较大，用于抹水泥砂浆面层和地面压光等
压子		水泥砂浆面层压光和纸筋石灰、麻刀石灰罩面等
铁皮		用弹性好的钢皮制成。小面积或铁抹子伸不进去的地方抹灰或修理，以及门窗框嵌缝等
塑料抹子		用硬质聚乙烯塑料做成的抹灰器具，有圆头和方头两种，其用途是压光纸筋灰等面层

续表 1－27

工具名称	图　　示	用　　途
木抹子（木蟹）		有圆头和方头两种，其作用是搓平底灰和搓毛砂浆表面
阴角抹子（阴角抽角器、阴角铁板）	 	分小圆角和尖角两种，适用于压光阴角
圆阴角抹子（明沟铁板）	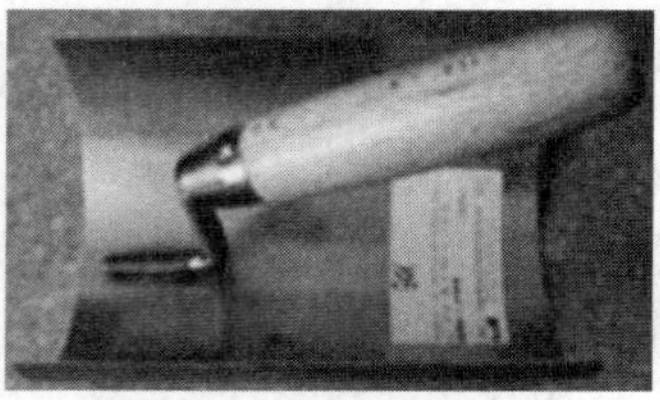	水池等阴角抹灰及明沟压光
塑料阴角抹子	 塑料面	用于纸筋白灰等罩面层的阴角压光
阳角抹子（阳角抽角器、阳角铁板）	 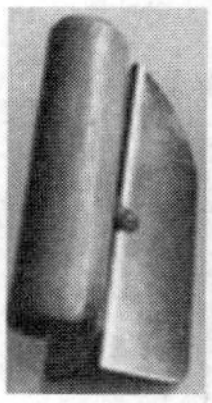	分小圆角和尖角两种，适用于压光阳角

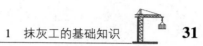

续表 1 −27

工具名称	图 示	用 途
圆阳角抹子		用于楼梯踏步防滑条的捋光压实
捋角器		用于捋水泥抱角的素水泥浆，做护角层等
小压子（抿子）		细部抹灰压光
大、小鸭嘴		细部抹灰修理及局部处理等
托灰板		抹灰操作时承托砂浆
木杠（大杠）		分长、中、短三种。长杆长 2.5～3.5m，一般用于做标筋；中杆长 2～2.5m；短杆长 1.5m 左右，用于刮平地面和墙面的抹灰层

续表 1 – 27

工具名称	图　　示	用　　途
刮尺		刮尺端面设计为用于操作的一面为平面，另一面为弧形。用于抹灰层找平
八字靠尺（引条）	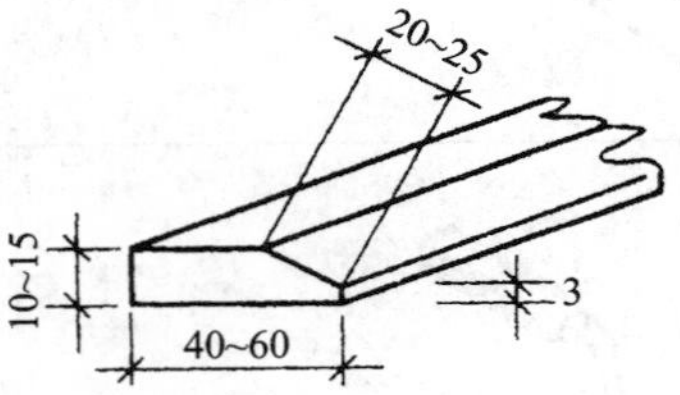	一般用于做棱角的依据，其长度应按需要截取
靠尺板		分厚薄两种，断面都为矩形。厚板多用于抹灰线，薄板多用于做棱角
钢筋卡子		卡紧靠尺板和八字靠尺用
方尺（兜尺）		测量阴阳角方正

续表 1 – 27

工具名称	图　　示	用　　途
托线板 （吊担尺、担子板）	1—线锤；2—靠尺板	与线锤结合在一起使用，主要用于做标志时的挂垂直，检查墙面和柱面的垂直度
分格条（米厘条）		墙面分格及做滴水槽
量尺		丈量尺寸
木水平尺		用于找平
阴角器		墙面抹灰阴角刮平找直用
长毛刷 （软毛刷子）		室内外抹灰、洒水用

续表 1-27

工具名称	图　示	用　途
猪鬃刷	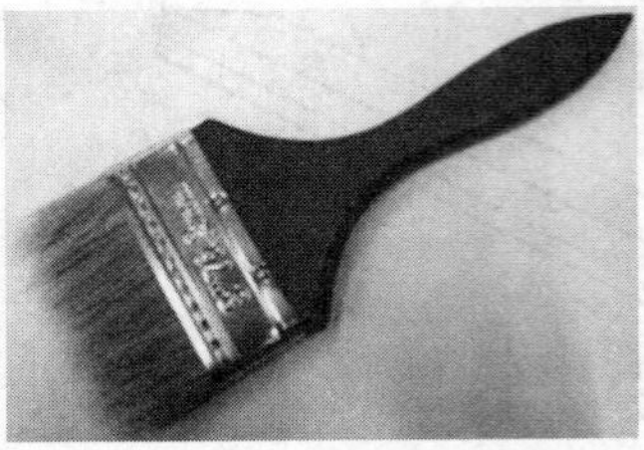	刷洗水刷石、拉毛灰
鸡腿刷		用于长毛刷刷不到的地方，如阴角等
钢丝刷		用于清刷基层
茅草刷	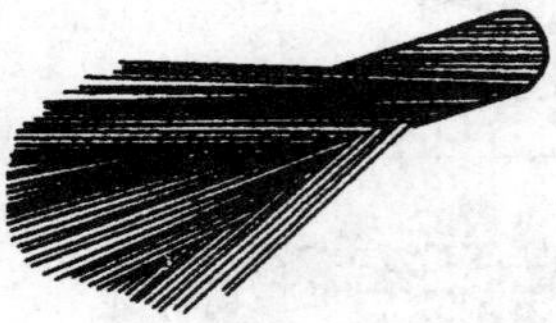	用茅草扎成，用于木抹子抹平时洒水
小水桶		作业场地盛水用
喷壶		洒水用

续表 1 - 27

工具名称	图　　　示	用　　　途
水壶		浇水用
铁锹（铁锨）		—
灰镐		手工拌和砂浆用
灰耙（拉耙）		手工拌和砂浆用
灰叉		手工拌和砂浆、机装砂浆用

续表 1 – 27

工具名称	图 示	用 途
筛子		筛分砂子用
灰勺	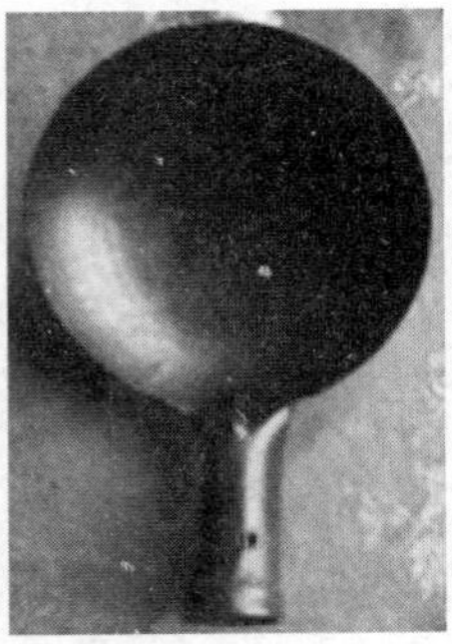	舀砂浆用
灰槽		储存砂浆
磅秤		称量砂子、石灰膏
运砂浆小车		运砂浆用

续表 1 – 27

工具名称	图　　示	用　　途
运砂手推车		运砂等材料用
料斗		起重机运输抹灰砂浆时的转运工具
粉线包		弹水平线和分格线
墨斗		弹线用
分格器（劈缝溜子或抽筋铁板）		抹灰面层分格
滚子（滚筒）		地面压实

续表 1－27

工具名称	图　　示	用　　途
錾子、手锤	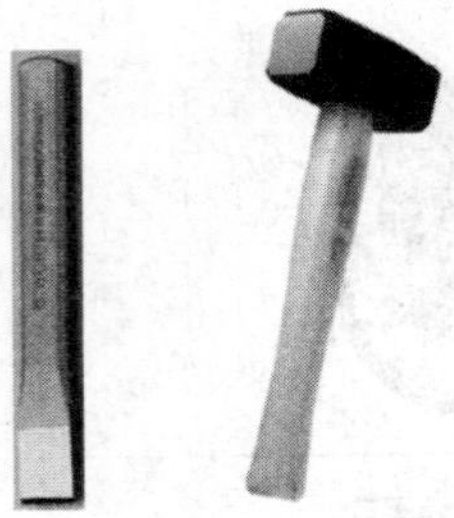	清理基层、剔凿孔眼用
溜子		用于抹灰分格线
斩假石用具		剁斧（斩斧）、单刃或多刃斧、花锤（棱点锤）、扁凿、齿凿、弧口凿、尖锥等都是常用的斩假石用具。斩假石用具的主要作用是斩假石
斩假石用具	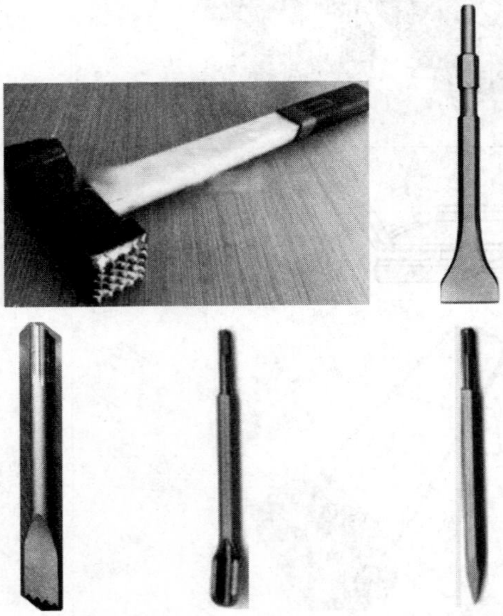	剁斧（斩斧）、单刃或多刃斧、花锤（棱点锤）、扁凿、齿凿、弧口凿、尖锥等都是常用的斩假石用具。斩假石用具的主要作用是斩假石

1.4.2 常用机具

1. 砂浆搅拌机

砂浆搅拌机用于搅拌各种砂浆，常见的有周期式砂浆搅拌机和连续式砂浆搅拌机，如图 1-26 所示。

2. 混凝土搅拌机

混凝土搅拌机是搅拌混凝土、豆石混凝土、水泥石子浆和砂浆的机械，如图 1-27 所示。抹灰施工常用的规格有：250L、400L 和 500L 搅拌机。

图 1-26　砂浆搅拌机

图 1-27　混凝土搅拌机

3. 粉碎淋灰机

粉碎淋灰机是淋制抹灰、粉刷及砌筑砂浆用的石灰膏的机具，如图 1-28 所示。

4. 纸筋灰搅拌机

纸筋灰搅拌机由搅拌筒和小钢磨两部分组成，前者起粗拌作用，后者起细磨作用，如图 1-29 所示，台班产量为 6m³。

图 1-28　粉碎淋灰机

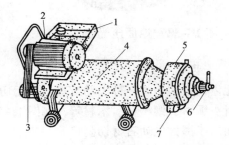

图 1-29　纸筋灰搅拌机

1—进料口；2—电动机；3—V 带；
4—搅拌筒；5—小钢磨；6—调节螺栓；7—出料口

5. 灰浆机

灰浆机是用来搅拌抹灰层各种纤维灰膏的专用机械，如图1-30所示。

6. 喷浆机

喷浆机是用来将水溶性石灰浆喷射到房屋墙面的设备，如图1-31所示。

图1-30　灰浆机　　　　　　　　　图1-31　喷浆机

7. 地面压光机

地面压光机是在混凝土地面经振捣密实刮平后，先采用抹面机提浆、抹平，然后直接采用压光机代替人工进行抹压出光的地面压光设备，如图1-32所示。

8. 磨石机

磨石机主要用于建筑物水磨石地面与砌块的磨平与抛光，如图1-33所示。

图1-32　地面压光机　　　　　　　图1-33　磨石机

9. 无齿锯

无齿锯是常用的一种电动工具，用于切断铁质线材、管材、型材及各种混合材料，包括钢材、铜材、铝型材、木材等，如图1-34所示。

10. 手提式电动石材切割机

手提式电动石材切割机用于安装地面、墙面石材时切割花岗岩等石料板材。功率为850W，转速为11000r/min。

该机分干、湿两种切割片，因用湿型刀片切割时需用水作冷却液，故在切割石材前，先将小塑料软管接在切割机的给水口上，双手握住机柄，通水后再按下开关，并匀速推进切割，如图 1－35 所示。

图 1－34 无齿锯

图 1－35 手提式电动石材切割机

11. 台式切割机

台式切割机是电动切割大理石等饰面板所用的机械，如图 1－36 所示。采用此机电动切割饰面板操作方便，速度快捷，但移动不方便。

12. 手动式墙地砖切割机

手动式墙地砖切割机是电动工具类的补充工具，适用于薄形瓷砖的切割，如图 1－37 所示。

图 1－36 台式切割机

图 1－37 手动式墙地砖切割机

13. 卷扬机

卷扬机可以垂直提升、水平或倾斜拽引重物。卷扬机分为手动卷扬机和电动卷扬机两种。现在以电动卷扬机主为，如图 1－38 所示。

14. 手电钻

手电钻主要用于装饰材料的钻孔，如图 1－39 所示。

15. 手提式涂料搅拌器

手提式涂料搅拌器用来搅拌涂料，如图 1－40 所示。手提式涂料搅拌器有气动和电动两种。

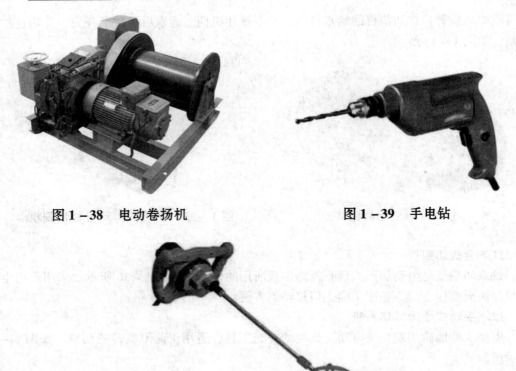

图 1-38　电动卷扬机　　　　　　图 1-39　手电钻

图 1-40　手提式涂料搅拌器

1.5　抹灰工料的计算

1.　计算方法

计算抹灰工程和饰面工程材料用量和人工工日，应根据设计图纸（或实际测量尺寸）计算各分部分项子目的工程量，查取《全国统一建筑工程基础定额》中所列各分部分项子目的材料定额和人工定额，按下列公式计算出各子目的材料用量和人工工日。

$$材料用量 = 工程量 \times 相应材料定额 \tag{1-1}$$

$$人工工日数 = 工程量 \times 综合人工定额 \tag{1-2}$$

$$工作天数 = \frac{人工工日数}{每天工作人数} \tag{1-3}$$

式中工程量的计量单位应与定额表中所列计量单位相一致，每天按一班 8 小时工作时间计算。

如果某种材料是由几种材料配合而成，则应根据其配合比分别计算出组成材料的用量，即组成材料用量 = 混合材料用量 × 相应的配合比。相同品种、规格的材料应相加汇总。

2.　计量单位

计量单位应遵守下列规定：

（1）以体积计算的为立方米（m³）。

（2）以面积计算的为平方米（m²）。

（3）以长度计算的为米（m）。

（4）以重量计算的为千克（kg）。

（5）以件或个计算的为件或个。

（6）以工日计算的为工日。

汇总时，其准确度取值：m³、m²、m、工日小数点后取两位，kg、件或个取整数。

3. 工料定额有关说明

（1）抹灰砂浆厚度，如设计与定额取定不同，除定额有注明厚度的项目可以换算外，其他一律不作调整，见表1–28。

表1–28 抹灰砂浆定额厚度取定表

定额编号	项 目		砂 浆	厚度（mm）
2–001	水刷豆石	砖、混凝土墙面	水泥砂浆1:3	12
			水泥豆石浆1:1.25	12
2–002		毛石墙面	水泥砂浆1:3	18
			水泥豆石浆1:1.25	12
2–005	水刷白石子	砖、混凝土墙面	水泥砂浆1:3	12
			水泥豆石浆1:1.5	10
2–006		毛石墙面	水泥砂浆1:3	20
			水泥豆石浆1:1.5	10
2–009	水刷玻璃碴	砖、混凝土墙面	水泥砂浆1:3	12
			水泥豆石浆1:1.25	12
2–010		毛石墙面	水泥砂浆1:3	18
			水泥豆石浆1:1.25	12
2–013	干粘白石子	砖、混凝土墙面	水泥砂浆1:3	18
2–014		毛石墙面	水泥豆石浆1:3	30
2–017	干粘玻璃碴	砖、混凝土墙面	水泥砂浆1:3	18
2–018		毛石墙面	水泥豆石浆1:3	30
2–021	斩假石	砖、混凝土墙面	水泥砂浆1:3	12
			水泥豆石浆1:1.5	10
2–022		毛石墙面	水泥砂浆1:3	18
			水泥豆石浆1:1.5	10
2–025	墙、柱面拉条	砖墙面	混合砂浆1:0.5:2	14
			混合砂浆1:0.5:1	10
2–026		混凝土墙面	水泥砂浆1:3	14
			混合砂浆1:0.5:1	10

续表 1-28

定额编号	项 目		砂 浆	厚度（mm）
2-027	墙、柱面甩毛	砖墙面	混合砂浆 1:1:6	12
			混合砂浆 1:1:4	6
2-028		混凝土墙面	水泥砂浆 1:3	10
			水泥砂浆 1:2.5	6

注：1. 每增减一遍素水泥浆或 107 胶素水泥浆，每平方米增减人工 0.01 工日，素水泥浆或 107 胶素水泥浆 0.0012m³。

2. 每增减 1mm 厚砂浆，每平方米增减砂浆 0.0012m³。

（2）圆弧形、锯齿形等不规则墙面抹灰，镶贴块料按相应项目人工乘以系数 1.15，材料乘以系数 1.05。

（3）离缝镶贴面砖定额子目，面砖消耗量分别按缝宽 5mm、10mm 和 20mm 考虑，如灰缝不同或灰缝超过 20mm，其块料及灰缝材料（水泥砂浆 1:1）用量允许调整，其他不变。

（4）镶贴块料和装饰抹灰的"零星项目"适用于挑檐、天沟、腰线、窗台线、门窗套、压顶、扶手、雨篷周边等。

2 抹灰工程施工图识读

2.1 识图基础

1. 施工图分类

一套完整的房屋施工图，按其内容和作用的不同，可分为三大类：

（1）建筑施工图。建筑施工图简称建施，它的基本图纸包括建筑总平面图、平面图、立面图和剖面图等，它的建筑详图包括墙身剖面图、楼梯详图、浴厕详图、门窗详图及门窗表，以及各种装修、构造做法、说明等。在建筑施工图的标题栏内均注写建施××号，可供查阅。

（2）结构施工图。结构施工图简称结施，它的基本图纸包括基础平面图、楼层结构平面图、屋顶结构平面图、楼梯结构图等，它的结构详图有基础详图，梁、板、柱等构件详图及节点详图等。在结构施工图的标题栏内均注写结施××号，可供查阅。

（3）设备施工图。设备施工图简称设施，它包括三部分专业图纸：给水排水施工图、采暖通风施工图、电气施工图。它们的图纸由平面布置图、管线走向系统图（如轴测图）和设备详图等组成。在这些图纸的标题栏内分别注写水施××号、暖施××号、电施××号，以便查阅。

2. 施工图编排顺序

一套房屋施工图的编排顺序：一般是代表全局性的图纸在前，表示局部的图纸在后；先施工的图纸在前，后施工的图纸在后；重要的图纸在前，次要的图纸在后；基本图纸在前，详图在后。

整套图纸的编排顺序是：

（1）图纸目录。

（2）总说明，说明工程概况和总的要求，对于中小型工程，总说明可编在建筑施工图内。

（3）建筑施工图。

（4）结构施工图。

（5）设备施工图，一般按水施、暖施、电施的顺序排列。

3. 施工图的识读

（1）识读图纸的顺序。先说明，后整体，再局部；先平面，后剖面，再构件。结构施工图应与其他工种图纸参照阅读。

（2）结构平面图的含义。结构平面图一般表示水平切开后由上向下所看到的某层楼面或屋面的结构布置情况。它表达墙、柱（一般以实线表示）、梁（以虚线表示）、板和楼梯（以细实线表示）与建筑平面轴线的关系。不同结构布置的楼层一般分别绘制，完全相同的楼层可只绘一张，但应说明所代表的各楼层编号。对构件的代号和数量应搞明白。

（3）剖面图的含义。结构剖面图一般表示将房屋垂直切开后由右向左所看到的结构布置情况，主要内容包括各构件的相互连接关系、标高尺寸以及各构件和轴线的关系，不同的结构布置情况有不同的剖面。对索引号应查明出处并对照标准图识读。

（4）构件图的含义。构件图表示平面剖面图上各个构件的做法，对构件的几何外形，内部材料的数量、质量、形状和放置位置做出清楚的交代。为了表达清楚，往往采用编号（如钢筋）、文字说明和另绘大样图等方法。

（5）阅读图纸的主要目的。弄清设计意图，因此应反复细致研究，在弄懂的基础上对图纸的不妥或错误之处可提出意见，所提意见征得设计人员同意及主管人员批准后才能修改图纸。

2.2　装饰施工图识读

装饰施工图一般包括装饰平面图、装饰立面图、装饰剖面图、顶棚平面图和构造节点详图、装饰详图等内容。

1. 装饰平面图

（1）装饰平面图的基本形式与内容。装饰平面图是在反映建筑基本结构的同时，主要表明在建筑空间平面上的装饰项目布局、装饰结构、装饰设施及相应的尺寸关系。一般有下列几方面内容：

1）表明装饰空间的平面形状与尺寸。建筑物在装饰平面图中的平面尺寸可分为三个层次，即外包尺寸、各房间的净空尺寸及门窗、墙垛和柱体等的结构尺寸。有的为了与主体建筑图纸相对应，还标出建筑物的轴线及其尺寸关系，甚至还标出建筑的柱位编号等。

2）表明装饰结构在建筑空间内的平面位置，及其与建筑结构的相互尺寸关系；表明装饰结构的具体平面轮廓及尺寸；表明地（楼）面等的饰面材料和工艺要求。

3）表明各种装饰设置及家具安放的位置与建筑结构的相互关系尺寸，并说明其数量、规格和要求。

4）表明与此平面图相关的各立面图的视图投影关系和视图的位置编号。

5）表明各剖面图的剖切位置，详图及通用配件等的位置和编号。

6）表明各种房间的平面形式、位置和功能，表明走道、楼梯、防火通道、安全门、防火门等人员流动空间的位置和尺寸。

7）表明门、窗的位置尺寸和开启方向。

8）表明台阶、水池、组景、踏步、雨篷、阳台及绿化等设施和装饰小品的平面轮廓与位置尺寸。

（2）装饰平面图的识读。

1）首先看标题栏，认清是何种平面图，进而把整个装饰空间的各房间名称、面积及门窗、走道等主要位置尺寸了解清楚。

2）通过对各房间及其他分隔空间种类、名称及其主要功能的了解，明确为满足功能要求所设置的设备与设施的种类、数量等，从而制定相关的购买计划。

3）通过图中对饰面的文字标注，确认各装饰面的构成材料的种类、品牌和色彩要求，了解饰面材料间的衔接关系。

4）对于平面图上的纵横、大小、尺寸关系，应注意区分建筑尺寸和装饰设计尺寸，进而查清其中的定位尺寸、外形尺寸和构造尺寸。

5）通过图纸上的投影符号，明确投影面编号和投影方向并进一步查出各投影向立面图（即投影视图）。

6）通过图纸上的剖切符号，明确剖切位置及其剖切后的投影方向，进而查阅相应的剖面图或构造节点大样图。

2. 装饰立面图

（1）装饰立面图的基本内容。

1）图名、比例和立面图两端的定位轴线及其编号。

2）在装饰立面图上使用相对标高，即以室内地面为标高零点，并以此为基准来标明装饰立面图上有关部位的标高。

3）表明室内外立面装饰的造型和式样，并用文字说明饰面材料的品名、规格、色彩和工艺要求。

4）表明室内外立面装饰造型的构造关系与尺寸。

5）表明各种装饰面的衔接。

6）表明室内外立面上各种装饰品（如壁画、壁挂、金属字等）的式样、位置和大小尺寸。

7）表明门窗、花格、装饰隔断等设施的高度尺寸和安装尺寸。

8）表明室内外景园小品或其他艺术造型体的立面形状和高低错落位置尺寸。

9）表明室内外立面上的所用设备及其位置尺寸和规格尺寸。

10）表明详图所示部位及详图所在位置。作为基本图的装饰剖面图，其剖切符号一般不应在立面图上标注。

11）室内装饰立面图还要表明家具和室内配套产品的安放位置和尺寸。如采用剖面图示形式的室内装饰立面图，还要表明顶棚的迭级变化和相关尺寸。

12）建筑装饰立面图的线型选样与建筑立面图基本相同。唯有细部描绘应注意力求概括，不得喧宾夺主，所有为增加效果的细节描绘均应以细淡线表示。

（2）装饰立面图的识读。

1）明确地面标高、楼面标高、楼梯平台及室外台阶标高等与该装饰工程有关的标高尺度。

2）清楚了解每个立面上有几种不同的装饰面，这些装饰面所选用的材料及施工工艺要求。

3）立面上各装饰面之间的衔接收口较多时，应熟悉其造型方式、工艺要求及所用材料。

4）应读懂装饰构造与建筑结构的连接方式和固定方法，明确各种预埋件或紧固件的种类和数量。

此外，要注意有关装饰设置或固定设施在墙体上的安装位置，如需留位，应明确留位位置和尺寸。

装饰立面图的识读须与平面图结合查对，细心地进行相对应的分析研究，进而再结合其他图纸逐项审核，方能掌握装饰立面的具体施工要求。

3. 装饰剖面图

（1）装饰剖面图的基本内容。

1）表明建筑的剖面基本结构和剖切空间的基本形状，并注出所需的建筑主体结构的有关尺寸和标高。

2）表明装饰结构的剖面形状、构造形式、材料组成及固定与支承构件的相互关系。

3）表明装饰结构与建筑主体结构之间的衔接尺寸与连接方式。

4）表明剖切空间内可见实物的形状、大小与位置。

5）表明装饰结构和装饰面上的设备安装方式或固定方法。

6）表明某些装饰构件、配件的尺寸，工艺做法与施工要求，另有详图的可概括表明。

7）表明节点详图和构配件详图的所示部位与详图所在位置。

8）如是建筑内部某一装饰空间的剖面图，还要表明剖切空间内与剖切平面平行的墙面装饰形式、装饰尺寸、饰面材料与工艺要求。

9）表明图名、比例和被剖切墙体的定位轴线及其编号，以便与平面布置图和顶棚平面图对照阅读。

（2）装饰剖面图的识读。

1）阅读建筑装饰剖面图时，首先要对照平面布置图，看清楚剖切面的编号是否相同，了解该剖面的剖切位置和剖视方向。

2）在众多图像和尺寸中，要分清哪些是建筑主体结构的图像和尺寸，哪些是装饰结构的图像和尺寸。当装饰结构与建筑结构所用材料相同时，它们的剖断面表示方法是一致的。现代某些大型建筑的室内外装饰，并非是贴墙面、铺地面、吊顶而已，因此要注意区分，以便进一步研究它们之间的衔接关系、方式和尺寸。

3）通过对剖面图中所示内容的阅读研究，明确装饰工程各部位的构造方法、构造尺寸、材料要求与工艺要求。

4）建筑装饰形式变化多，程式化的做法少。作为基本图的装饰剖面图只能表明原则性的技术构成问题，具体细节还需要详图来补充表明。因此，在阅读建筑装饰剖面图时，还要注意按图中索引符号所示方向，找出各部位节点详图，并不断对照仔细阅读，弄清楚各连接点或装饰面之间的衔接方式，以及包边、盖缝、收口等细部的材料、尺寸和详细做法。

5）阅读建筑装饰剖面图要结合平面布置图和顶棚平面图进行，某些室外装饰剖面图还要结合装饰立面图来综合阅读，才能全方位地理解剖面图示内容。

4. 顶棚平面图

（1）顶棚平面图的基本内容。

1）表明墙柱和门窗洞口位置。顶棚平面图一般都采用镜像投影法绘制，用镜像投影法绘制的顶棚平面图，其图形上的前后、左右位置与装饰平面布置图完全相同，纵横轴线的排列也与之相同。因此，在图示了墙柱断面和门窗洞口以后，不必再重复标注轴间尺寸、洞口尺寸和洞间墙尺寸，这些尺寸可对照平面布置图阅读。定位轴线和编号也不必每轴都标，只在平面图形的四角部分标出，能确定它与平面布置图的对应位置即可。

顶棚平面图一般不图示门扇及其开启方向线，只图示门窗过梁底面。为区别门洞与窗洞，窗扇用一条细虚线表示。

2）表明顶棚装饰造型的平面形式和尺寸，并通过附加文字说明其所用材料、色彩及工艺要求。顶棚的迭级变化应结合造型平面分区线用标高的形式表示，由于所注是顶棚各构件底面的高度，因而标高符号的尖端应向上。

3）表明顶部灯具的种类、式样、规格、数量及布置形式和安装位置。顶棚平面图上的小型灯具应按比例画出它的正投影外形轮廓，力求简明概括，并附加文字说明。

4）表明空调风口、顶部消防与音响设备等设施的布置形式与安装位置。

5）表明墙体顶部有关装饰配件（如窗帘盒、窗帘等）的形式和位置。

6）表明顶棚剖面构造详图的剖切位置及剖面构造详图的所在位置。作为基本图的装饰剖面图，其剖切符号不在顶棚图上标注。

（2）顶棚平面图的识读。

1）首先应弄清楚顶棚平面图与平面布置图各部分的对应关系，核对顶棚平面图与平面布置图在基本结构和尺寸上是否相符。

2）对于某些有迭级变化的顶棚，要分清它的标高尺寸和线型尺寸，并结合造型平面分区线在平面上建立起二维空间的尺度概念。

3）通过顶棚平面图，了解顶部灯具和设备设施的规格、品种与数量。

4）通过顶棚平面图上的文字标注，了解顶棚所用材料的规格、品种及其施工要求。

5）通过顶棚平面图上的索引符号，找出详图对照着阅读，弄清楚顶棚的详细构造。

2.3 墙身详图及节点详图

墙身详图也叫墙身大样图，实际上是建筑剖面图的有关部位的局部放大图。它主要表达墙身与地面、楼面、屋面的构造连接情况以及檐口、门窗顶、窗台、勒脚、防潮层、散水、明沟的尺寸、材料、做法等构造情况，是砌墙、室内外装修、门窗安装、编制施工预算以及材料估算等的重要依据。有时在外墙详图上引出分层构造，注明楼地面、屋顶等的构造情况，而在建筑剖面图中省略不标。

墙身节点详图往往在门窗洞口处断开，因此在门窗洞口处出现双折断线（该部位图形高度变小，但标注的窗洞竖向尺寸不变），成为几个节点详图的组合。在多层房屋中，若各层的构造情况一样，可只画墙脚、檐口和中间层（含门窗洞口）三个节点，按上下位置整体排列。有时墙身详图不以整体形式布置，而把各个节点详图分别单独绘制，也称为外墙剖面详图。

1. 散水

散水是沿建筑物外墙底部四周设置的内外倾斜的斜坡，又称散水坡，是为了及时排除地面雨水，减少建筑地下部分受雨水侵蚀的程度，控制基础周围土层的含水率，确保基础的使用安全而经常采用的一种构造措施。

散水采用混凝土、砂浆等不透水的材料作面层，采用混凝土或碎砖混凝土作垫层。土层冻深在 600mm 以上的地区，还要在散水垫层下面设置砂垫层，以免散水被土层冻胀所破坏，通常砂垫层的厚度控制在 300mm 左右。散水的工程设计图如图 2 - 1 所示。

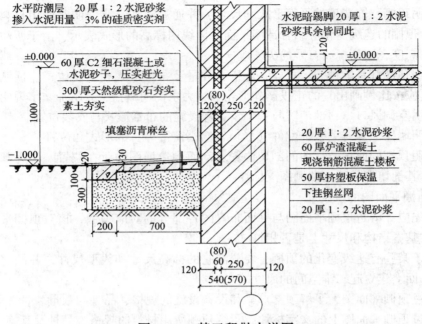

水平防潮层 20 厚 1 : 2 水泥砂浆掺入水泥用量 3% 的硅质密实剂

水泥暗踢脚 20 厚 1 : 2 水泥砂浆其余皆同此

±0.000

60 厚 C2 细石混凝土或水泥砂子, 压实赶光

300 厚天然级配砂石夯实

素土夯实

填塞沥青麻丝

20 厚 1 : 2 水泥砂浆
60 厚炉渣混凝土
现浇钢筋混凝土楼板
50 厚挤塑板保温
下挂钢丝网
20 厚 1 : 2 水泥砂浆

图 2 – 1 某工程散水详图

2. 墙身防潮层

土层中的潮气进入建筑地下部分材料的孔隙内形成毛细水并沿墙体上升, 逐渐使地上部分墙体潮湿, 为了阻隔毛细水, 就要在墙体中设置防潮层。防潮层分为水平防潮层和垂直防潮层两种形式。

所有墙体的底部均应设置水平防潮层。为了防止地表水反渗的影响, 防潮层应设置在首层地坪结构层 (如混凝土垫层) 厚度范围之内的墙体之中, 与地面垫层形成一个封闭的防潮层。当首层地面为实铺时, 防潮层的位置通常选择在 – 0.060m 处。防潮层的位置关系到防潮的效果, 如位置不当, 就能不完全地阻隔地下的潮气。墙身水平防潮层如图 2 –2 所示。

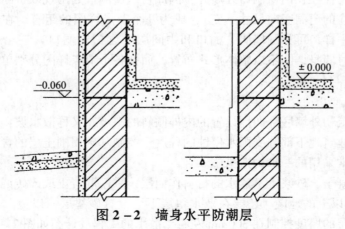

图 2 – 2 墙身水平防潮层

当室内地面出现高差或室内地面低于室外地面时，由于地面较低一侧房间墙体的另外一侧为防潮湿土层，在此处除了要分别按高差不同在墙内设置两道水平防潮层外，还要对两道水平防潮层之间的墙体做防潮处理，即垂直防潮层。

垂直防潮层的具体做法是：在墙体靠回填土一侧用20mm厚1：2水泥砂浆抹灰，涂冷底子油一道，再刷两遍热沥青防潮，也可涂抹25mm厚防水砂浆。

3. 窗台

窗台是为了避免顺窗面淌下的雨水聚集在窗洞下部或沿窗下框与窗洞之间的缝隙向室内渗流，也为了避免污染墙面。窗台有悬挑窗台和不悬挑窗台两种。

4. 过梁

为了承担墙体洞口上传来的荷载，并把这些荷载传递给洞口两侧的墙体，需要在洞口上设置横梁，即过梁。过梁多设置在门窗洞口之上，称为门窗过梁。在工程中常见的有砖拱过梁、钢筋砖过梁和钢筋混凝土过梁，以钢筋混凝土过梁最为常见。过梁如图2-3所示。

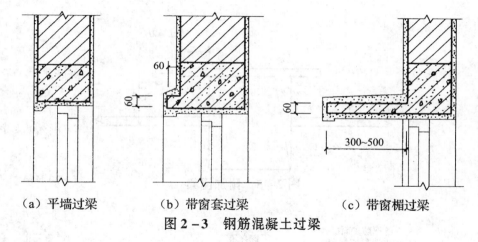

（a）平墙过梁　（b）带窗套过梁　（c）带窗楣过梁

图2-3　钢筋混凝土过梁

5. 圈梁

圈梁是沿外墙四周及部分内墙设置在楼板处的连续闭合的梁，可提高建筑物的空间刚度及整体性，增加墙体的稳定性，减少由于地基不均匀沉降而引起的墙身开裂。圈梁宜设在楼板标高处，尽量与楼板结构连成整体。当圈梁与过梁位置相近时，也可设在门窗洞口上部，兼起过梁作用，如图2-4所示。

钢筋混凝土圈梁的高度不小于120mm，宽度与墙厚相同。圈梁遇到门窗洞口时应设附加圈梁，如图2-5所示。

6. 外墙保温

外墙保温是由聚合物砂浆、玻璃纤维网格布、阻燃型模塑聚苯乙烯泡沫板（EPS）或挤塑板（XPS）等材料复合而成，集保温、防水、饰面等功能于一体，如图2-6所示。

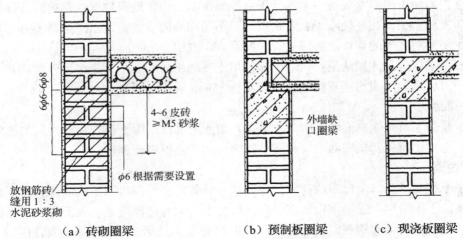

（a）砖砌圈梁　　　　　（b）预制板圈梁　　　　（c）现浇板圈梁

图 2 – 4　圈梁

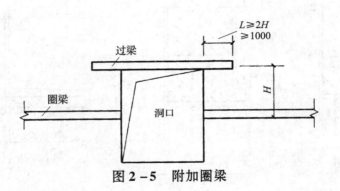

图 2 – 5　附加圈梁

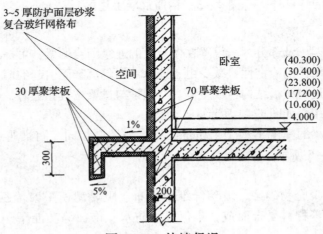

图 2 – 6　外墙保温

3 抹灰工程施工准备

3.1 施工现场准备

1. 材料准备

根据施工图纸计算抹灰所需材料数量，提出材料进场的日期，按照供料计划分期分批组织材料进场。

2. 机具准备

根据工程特点和抹灰工程类别准备机械设备和抹灰工具，搭设垂直运输设备及室内外脚手架，接通水源、电源。

通常，当抹灰工操作高度在3.6m以下时，由抹灰工自己搭设抹灰操作用脚手架。

抹灰工操作用脚手架要求构造简单，搬运、转移、搭拆方便，其负荷一般不应超过2700N/m²。

外墙抹灰脚手架要求自上而下能连续使用，保证墙面能一次成活，不得等二次补抹，脚手架每步高度都应保证施工缝位于分格缝处。

室内抹灰，如抹顶棚时，抹灰工用架子高度从脚手板面至顶棚，以1人高加10cm为宜。

3. 技术准备

（1）审查图纸和制定施工方案，确定施工顺序和施工方法。

抹灰工程的施工顺序一般采取先室外后室内，先上面后下面，先地面后顶墙。当采取立体交叉流水作业时，也可以采取从下往上施工的方法，但必须采取相应的成品保护措施。先地面后顶墙的对于高级装修工程要根据具体情况确定。

室内抹灰通常应在屋面防水工程完工后进行。如果要在屋面防水工程完工前抹灰，应采取可靠的防护措施，以免使抹灰成品遭到水冲雨淋。

（2）材料试验和试配工作。

（3）确定花饰和复杂线脚的模型及预制项目。对于高级装饰工程，应预先做出样板（样品或标准间），并经有关单位鉴定后，方可进行。

（4）组织结构工程验收和工序交接检查工作。

抹灰前对结构工程以及其他配合工种项目进行检查是确保抹灰质量和进度的关键，抹灰前应对以下主要项目进行检查：

1）门窗框及其他木制品是否安装齐全，门口高低是否符合室内水平线标高。

2）板条、苇箔或钢丝网吊顶是否牢固，标高是否正确。

3）顶棚、墙面预留木砖或铁件以及窗帘钩、阳台栏杆、楼梯栏杆等预埋件是否遗漏，位置是否正确。

4）水、电管线，配电箱是否安装完毕，是否漏项，水暖管道是否做好压力试验等等。

（5）对已安装好的门窗框，采用铁板或板条进行保护。

（6）组织队组进行技术交底。

3.2　基层处理

抹灰前应根据具体情况对基体表面进行必要处理：

（1）墙上的脚手眼、各种管道穿越过的墙洞和楼板洞、剔槽等应用1∶3水泥砂浆填嵌密实或堵砌好。散热器和密集管道等背后的墙面抹灰，应在散热器和管道安装前进行，抹灰面接槎应顺平。

（2）门窗框与立墙交接处应用水泥砂浆或水泥混合砂浆（加少量麻刀）分层嵌塞密实。

（3）基体表面的灰尘、污垢、油渍、碱膜、沥青渍、粘结砂浆等均应清除干净，并用水喷洒湿润。

（4）混凝土墙、混凝土梁头、砖墙或加气混凝土墙等基体表面的凸凹处，要剔平或用1∶3水泥砂浆分层补齐。

（5）板条墙或板条顶棚、板条留缝间过窄处应予以处理，一般要求达到7～10mm（单层板条）。

（6）金属网应铺钉牢固、平整，不得有翘曲、松动现象。

（7）在木结构与砖石结构、木结构与钢筋混凝土结构相接处的基体表面抹灰应先铺设金属网，并绷紧牢固。金属网与各基体的搭接宽度从缝边起每边不小于100mm，并应铺钉牢固，不翘曲，如图3－1所示。

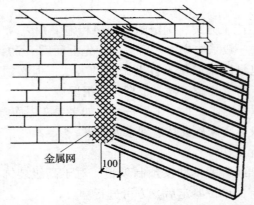

图3－1　砖结构与木结构相接处基体处理示意

4 一般抹灰施工

4.1 墙面抹灰

4.1.1 室内墙面抹灰

1. 施工准备

（1）材料。

1）水泥：选用硅酸盐水泥、普通硅酸盐水泥，其强度等级不应小于32.5。进入现场应有产品合格证书，并要求对水泥的凝结时间和安定性进行复验。

2）石灰膏：细腻洁白，不含未熟化颗粒。不能使用已冻结风化的石灰膏。石灰膏的熟化期不应少于15d。罩面用的磨细石灰的熟化期不应少于3d。

3）砂：宜选用中砂，含泥量不超过3%。使用前应过筛，不得含有杂物，如图4-1所示。

4）麻刀：均匀、坚韧、干燥，不含杂质，长度为1~3cm，过剪，随用随打松，使用前4~5d用石灰膏调好。

5）纸筋：撕碎，用清水浸泡，捣烂，搓绒，漂去黄水，达到洁净细腻。按100:2.75（石灰膏:纸筋）量比掺入淋灰池。

（2）工具与机具。包括砂浆搅拌机，纸筋灰搅拌机、铁锹、筛子、手推车、灰槽、灰勺、木杠、靠尺板、线坠、钢卷尺、方尺、托灰板、铁、木、塑料抹子、八字靠尺、各种刷子、胶皮水管、小水桶、喷壶、分格条、工具袋等。

图4-1 砂子过筛

（3）作业条件。

1）结构工程已经过合格验收。

2）检查原基层表面凸起与凹陷处，并经过剔实、凿平、修补孔洞，如图4-2、图4-3所示，其缝隙可用1:3水泥砂浆填嵌密实，各种预埋管件已按要求就位，并做好防腐工作。

3）管道穿越墙洞和楼板洞及时安放套管，并用C30细石混凝土加膨胀剂分两层填嵌密实，电线管、配电箱安装完毕，接线盒用聚苯板堵严，如图4-4所示。

4）根据室内墙面高度和现场的情况，提前搭好操作用的高凳和架子，并要离开墙面及角部200~250mm，以利操作。

图 4 - 2　凸出部分剔凿

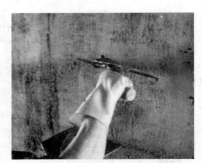

图 4 - 3　修补不平墙体及螺杆洞

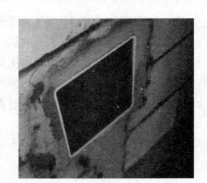

图 4 - 4　线盒、箱体封堵

2. 工艺顺序

基层处理→墙面浇水→找规矩抹灰饼→抹水泥踢脚板→抹护角线→抹水泥窗台板→墙面冲筋→抹底灰→阴阳角找方→抹罩面灰。

3. 操作要点

室内墙面抹灰操作要点见表 4 - 1。

表 4 - 1　室内墙面抹灰操作要点

步骤	内容及图示
基层处理	先把基层表面的尘土、污垢、油渍等清除干净。对于光滑的混凝土墙面，应采用"凿毛"或"甩毛"喷水泥砂浆（1:1）的方法使其凝固在混凝土的光滑表面层上，达到初凝用手掰不动为止

续表 4 – 1

步骤	内容及图示
墙面浇水	砖墙应提前 1 天浇水，要求水要渗入墙面内 10 ~ 20mm。浇水时应按从左至右、从上至下的顺序进行，一天两次为宜。对于混凝土墙面也要提前浇水湿润，但要掌握好水势和速度 
找规矩抹灰饼	目的是为有效地控制抹灰层的垂直度、平整度和厚度，使其符合抹灰工程的质量标准，抹灰前要求找规矩、抹灰饼，也叫做抹标准标志块，其步骤首先是用托线板检查墙体墙面的平整和垂直情况，根据检查的结果兼顾抹灰总的平均厚度要求，决定墙面抹灰厚度，然后弹准线，将房间用角尺规方，小房间可用一面墙做基线，大房间应在地面上弹出十字线。在距阴角 100mm 处用托线板靠、吊垂直。弹出竖线后，再按抹灰层厚度向里反弹出墙角抹灰准线。并在准线上下两端钉上铁钉，挂上白线作为抹灰饼、冲筋的标准。最后是做灰饼，先在距顶棚 150 ~ 200mm 处贴上灰饼，再在距地面 200mm 处贴下灰饼，先贴两端头，再贴中间处灰饼。墙高 3.2m 以上时，需要两个人挂线做灰饼  抹灰饼　　　　　　灰饼吊垂直

续表 4 – 1

步骤	内容及图示
找规矩抹灰饼	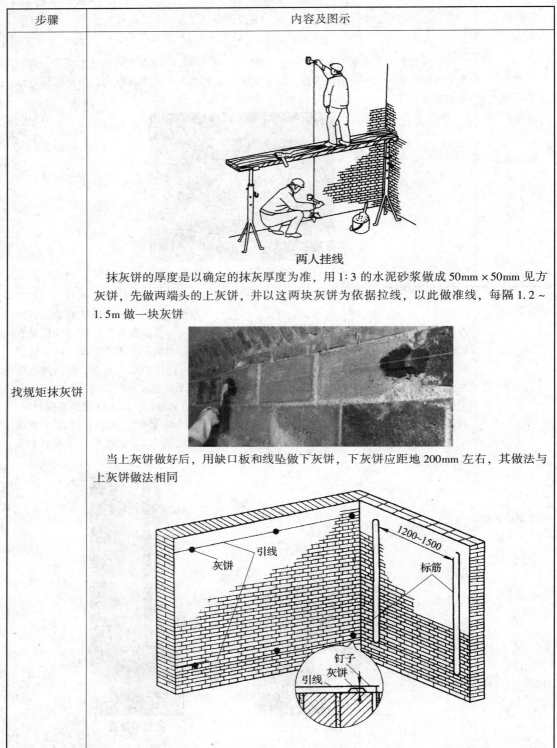

两人挂线

　　抹灰饼的厚度是以确定的抹灰厚度为准，用 1：3 的水泥砂浆做成 50mm × 50mm 见方灰饼，先做两端头的上灰饼，并以这两块灰饼为依据拉线，以此做准线，每隔 1.2 ~ 1.5m 做一块灰饼

　　当上灰饼做好后，用缺口板和线坠做下灰饼，下灰饼应距地 200mm 左右，其做法与上灰饼做法相同

续表 4 –1

步骤	内容及图示
抹水泥踢脚板（或墙裙）	踢脚板和墙裙抹灰应在墙面抹灰之前进行（如底灰为水泥砂浆或水泥石灰砂浆，也可在室内墙面抹灰之后进行），这样既能有效地防止踢脚板空鼓，又能控制墙面抹灰的平整度 踢脚板（或墙裙）抹灰之前，应将基层面清理干净，并提前浇水湿润，弹出高度水平线，然后用水泥素灰浆薄薄地刮一遍，要求超出高度水平线 30 ~ 50mm，紧接着用 1:2 水泥砂浆抹底层灰，后用木抹子搓成麻面或称搓毛 底层灰搓毛抹完，应待初凝后，用 1:2.5 的水泥砂浆罩面，其厚度为 5 ~ 7mm。待面层灰抹平压光收水后，按施工图设计要求的高度从室内 500mm 的抄平线下返踢脚板的高度尺寸，再用粉线包弹出水平线，然后用八字靠尺靠在线上（即踢脚板上口）用钢抹子将踢脚板（或墙裙）切齐，用小压子压抹平整后，再用阳角抹子沿踢脚板的上口线捋光，使踢脚板（或墙裙）的上口直线度达到要求 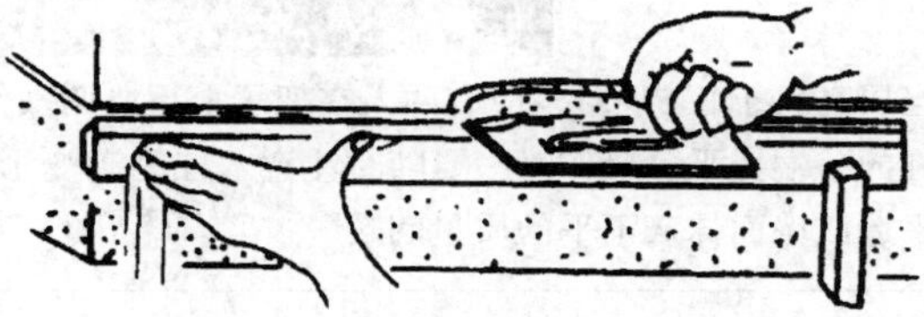
抹护角线	室内墙面、柱面和门洞口的阳角应做护角线，当设计无特殊要求时，应采用 1:2 水泥砂浆做暗护角，其高度不应低于 2m，每侧宽度不应小于 50mm。其步骤如下： 在墙、柱的阳角处或门洞口的阳角处首先浇水使其湿润。以墙面标志块为依据，首先要将阳角用方尺规方。门洞口的阳角靠门框一边，则以门框离墙面的空隙为准，另一边则以标志块厚度为依据。最好在地面上划好准线，按准线粘好靠尺板，用线锤吊直，方尺找方。然后，在靠尺板的另一边墙角面分层抹 1:2 水泥砂浆，护角线的外角与靠尺板外口平齐；一边抹好后，再把靠尺板移到已抹好护角的另一边，用钢筋卡稳后，再用线锤吊直靠尺板，把护角的另一面分层抹好，再轻轻地把靠尺板拿掉。待护角的棱角稍干时，用阳角抹子和水泥素浆捋出小圆角。最后在墙面处稳住靠尺板，按要求尺寸沿角留出 50mm，将多余砂浆成 40°斜面切掉，将墙两边和门框及落地灰清洗干净 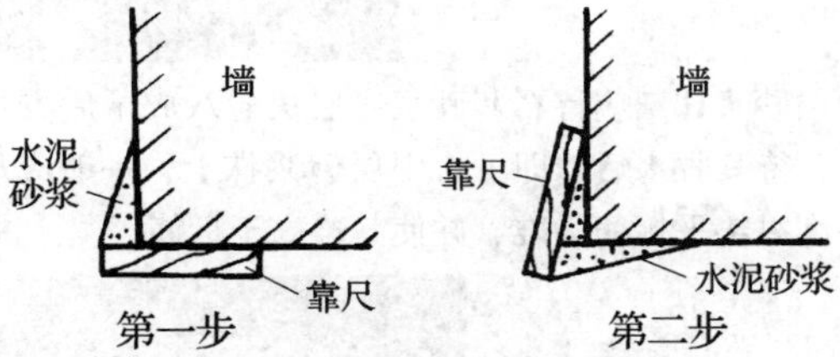
抹水泥窗台板（室内窗台）	首先将窗台基层清理干净，松动的砖重新砌好，并把砖缝划深，用水湿润浇透，再用 1:2 的细豆石混凝土铺实，其厚度约为 25mm。次日先刷一道水泥素浆，后用 1:2.5 的水泥砂浆罩面。窗台要抹平、压光。窗台两端抹灰要超过 6cm，由窗台上皮往下抹 4cm，并在窗台阳角处用捋角器捋成小圆角。窗台下口要平直，不得有毛刺。抹完后隔天浇水养护 2 ~ 3d

续表 4－1

步骤	内容及图示
墙面冲筋	又叫做标筋。冲筋就是在两灰饼间抹出一条长灰梗来。断面成梯形，底面宽约100mm，上宽50～60mm，灰梗两边搓成与墙面成45～60°角。抹灰梗时要求比灰饼凸出5～10mm。然后用刮尺紧贴灰梗左上右下反复地搓刮，直至灰条与灰饼齐平为止，再将两侧修成斜面，以便与抹灰层结合牢固。至于应连续抹几条灰梗合适，主要根据墙面的吸水程度而定  当层高大于3.5m时，应有两人在架子上下协调操作。当灰梗抹好后，两个人各执长刮杠的一端搓平。操作时，要随时注意木杠受潮变形，并随时调整，以防产生因冲筋不平造成墙面抹灰不平的质量问题
抹底灰	抹底灰的操作包括装档、刮杠、搓平。底灰装档要分层进行。当标筋完成后2h，达到一定强度（即标筋砂浆七八成干时）就要进行底层砂浆抹灰。底层抹灰要薄，使砂浆牢固地嵌入砖缝内。一般应从上而下进行，在两标筋之间的墙面上抹满砂浆后，即用长刮尺两头靠着标筋从上而下进行刮灰，使抹的底层灰与标筋面略低，再用木抹子搓实，并去高补低，且使每遍厚度控制在7～9mm范围之内  中层砂浆抹灰应待石灰砂浆底层灰七八成干后方可抹中层砂浆层。应先在底层灰上洒水，待其收水后，即可将中层砂浆抹上，一般应从上而下，自左向右涂抹。中层抹灰厚度以垫平标筋为准，并使其略高于标筋 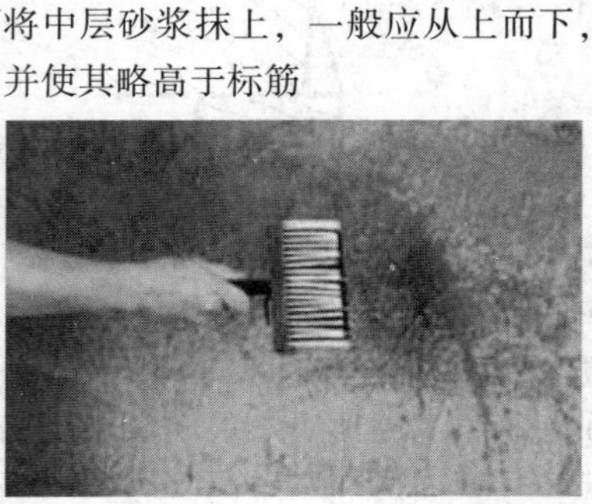

续表 4 – 1

步骤	内容及图示
抹底灰	中层砂浆抹好后，即用中、短木杠按标筋刮平。使用木杠时，人站成骑马式，双手紧握木杠，均匀用力，由下往上移动，并使木杠前进方向的一边略微翘起，手腕要活。凹陷处要补抹砂浆，然后再刮，直至平整为止。紧接着要用木抹子搓磨一遍，使表面平整密实 　　当层高小于3.2m时，一般先抹下面一步架，然后搭架子再抹上一步架。抹上一步架可不抹标筋，而是在用木杠刮平时，紧贴下面已经抹好的砂浆作为刮平的依据 　　当层高大于3.2m时，一般从上往下抹  
阴、阳角找方	指两相交墙面相交的阴角、阳角的抹灰方法。阴角、阳角找方要用阴角方尺检查阴角的直角度，用阳角方尺检查阳角的直角度，用线锤检查阴角与阳角的垂直度，根据直角度及垂直度的误差，确定抹灰层的厚度，并洒水湿润 　　阴角抹底层灰：先用抹子将底层灰抹于阴角处，后用木阴角器压住抹灰层并上下搓动。使阴角处抹灰层基本上达到直角。如靠近阴角处有已结硬的标筋，则用木阴角器沿着标筋上下搓动，基本搓平后，再用阴角抹子上下搓压，使阴角线垂直 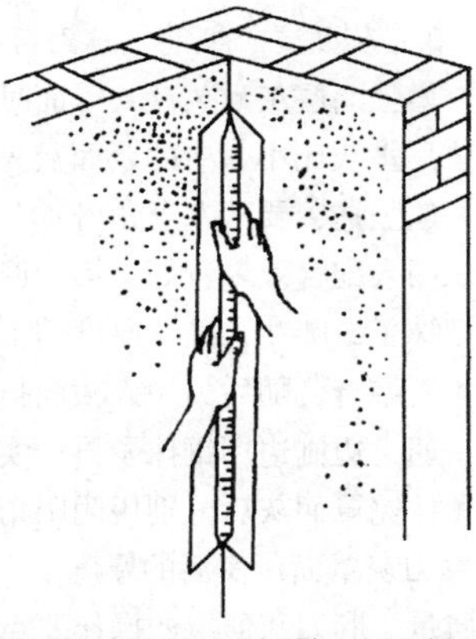 　　阳角抹底层灰：用抹子与靠尺板将底层灰抹于阳角后，用木阳角器压住抹灰层并上下搓动，使阳角处抹灰层基本达到直角，再用阳角抹子上下抹压，使阳角线垂直

续表 4 - 1

步骤	内容及图示
阴、阳角找方	 阳角器 当阴、阳角底层灰凝结后，再洒水湿润，将中层抹于阴、阳角处，分别用阴角抹子、阳角抹子上下抹压，使中层灰达到平整
抹罩面灰	面层抹灰俗称罩面。当底层灰七八成干时，就可抹罩面灰。在抹罩面灰之前，必须把预留孔洞、电器箱、槽、盒等处修抹好，然后才能抹罩面灰。如底层灰较干还要洒水湿润  面层抹灰主要有以下几种： 1）纸筋灰、麻刀灰面层。纸筋、麻刀纤维材料掺入石灰膏主要起拉结作用，使其不易开裂、脱落，增强面层灰耐久性。罩面时应把踢脚、墙裙上口和门口护脚线等用水泥砂浆打底的部位用水灰比小一些的罩面灰先抹一遍，因为这些部位吸水较慢。罩面应分两遍完成，第一遍竖抹，要从左上角开始，从左到右依次抹去，直抹到右边阴角完成，再转入下一步。两人配合效果较好，第一遍一人竖向薄薄抹一层，用铁抹子或塑料抹子均可。一般要把抹子放陡些，涂抹厚度约 1mm，每相邻两抹子的接搓要刮严，要使纸筋灰与中层表面紧密结合，随后另一人横向抹第二遍，并随手压平溜光，然后用排笔或毛刷蘸水横向刷一遍，边刷边用钢抹子再压实抹平，抹光一次，使表面更为细腻光滑，色泽一致。阴阳角抹完罩面灰后分别用阴阳角抹子捋光。要求纸筋灰罩面压实后的厚度不得大于 2mm，麻刀灰罩面压实后的厚度不得大于 3mm。如果抹厚了，面层易产生收缩裂缝，影响工程质量。麻刀灰面层的操作要点与纸筋灰面层基本相同，但麻刀与纸筋纤维的粗细差别较大，为此，在操作时，一人用铁抹子将麻刀灰横向（或竖向）抹在底灰上，另一人紧接着用钢抹子自左向右将面层灰赶平、压实、抹光。稍干后，再用钢抹子将面层压光一遍

续表 4 – 1

步骤	内容及图示
抹罩面灰	2）石灰砂浆面层。石灰砂浆罩面，一般底层用1∶3石灰砂浆打底，用1∶2的石灰砂浆罩面，厚度为2mm。先在贴近顶棚的墙面最上部抹出一抹子宽面层灰，再用木杠横向刮直，缺灰处应及时补、刮平，在符合尺寸时用木抹子搓平，用铁抹子溜光。然后把墙面两边阴角同样抹出一抹子宽面层灰，用托线板找直，用木杠刮平、木抹子搓平、钢抹子溜光。抹中间大面时要以抹好的灰条作为标筋，一般采用横向抹，抹时要求一抹子接一抹子，接槎平整，薄厚一致，抹纹顺直。抹完一面墙后用木杠依标筋刮平。缺灰时要及时补上，用托线板挂垂直。检查无误后，用木抹子搓平，用钢板抹子压光 3）石膏灰罩面层。石膏灰浆面层是高级抹灰做法，具有良好的装饰效果，表面质量要求平整、光滑、洁白、色泽一致，无抹纹和花斑痕 　　石膏灰浆面层不得涂抹在水泥砂浆或水泥混合砂浆层上，其底子灰一般为石灰砂浆或麻刀石灰砂浆，并要求充分干燥，抹面层灰时宜洒少量清水湿润底灰表面，以便将石膏灰浆涂抹均匀 　　石膏的凝结速度比较快，初凝时间不小于3～6min，终凝时间不大于30min，所以在抹石膏灰墙面时要掺入一定量的石灰膏或硼砂等缓凝剂在石膏浆内，以使其缓凝，利于操作 　　操作时以四人为一操作小组，一人拌浆，三人操作，全部操作过程应在20～30min内完成 　　抹灰时，一般从左至右，抹子竖向顺着抹，压光时抹子也要顺直。一人先薄薄地抹一遍，使石膏灰浆与中层表面紧密结合，第二人紧跟着抹第二遍，并随手将石膏灰浆赶平，第三人紧跟后面压光。先压两遍，最后边洒水边用钢抹子赶平压光。经赶平压实后的厚度不得大于2mm。如墙面较高，应上下同时操作，以免出现接槎。如出现接槎，可等凝固后用刨子刨平 4）水砂罩面。水砂石灰浆面层表面光滑耐潮，其特点是凉爽、干燥，适用于高级抹灰的内墙面 　　水砂含盐，所以在拌制灰浆时要用生块石灰现场淋浆，热浆搅拌，以便使水砂中的盐分得到稀释。灰浆要一次拌制，充分熟化一周以上方可使用 　　水砂石灰浆面层的底子灰应用石灰砂浆或麻刀石灰砂浆。底子灰的表面应密实、平整，待底子灰干燥一致后，方可涂抹水砂石灰浆面层，否则将使面层颜色不均。操作前须将门窗及玻璃安好，防止面层水分蒸发过快产生龟裂 　　操作时，底子灰要均洒水湿润。一般两人为一组，一人用硬质木抹子竖向薄薄抹一遍，紧跟着仍用木抹子横向抹第二遍，并随手将砂浆赶平，另一人紧跟其后，用钢抹子竖向压光，连压两遍。待面层收水七成干时，一边用刷子洒水，一边用钢抹子竖向压，直至表面密实光滑为止。灰层总厚度为2～3mm，阴阳角处用阴阳抹子捋光 　　如果墙面较高，则应上下同时操作，使其表面不显接槎

4.1.2 室外墙面抹灰

1. 施工准备

（1）材料与砂浆配制。

1）水泥：选用普通硅酸盐水泥和矿渣硅酸盐水泥，强度等级大于32.5。要选同一批号，避免颜色不一，并应对水泥的凝结时间和安定性复验。

2）砂：选用中砂，含泥量不大于3%，底层需经5mm筛，面层需经3mm筛。

3）石灰膏：熟化时间一般不少于15d，用于罩面不应少于30d，使用时不得含有未熟化颗粒和其他杂物。

4）砂浆：砖砌外墙常用水泥混合砂浆（水泥:石灰:砂=1:0.3:3）打底和罩面。混凝土外墙底层采用1:3的水泥砂浆，面层采用1:2.5的水泥砂浆。

（2）工具与机具准备。同室内墙面抹灰。

（3）作业条件准备。结构工程已验收合格，预埋件已安装完毕，预留孔洞提前堵塞严实，外墙架子已搭设并通过安全检查，墙大角和两个面及阳台两侧已用经纬仪打出基准线，作为抹灰打底的依据。

2. 工艺顺序

基层处理→找规矩、做灰饼→冲筋、抹阳角灰→粘分格条→抹外墙灰→起分格条、养护。

3. 操作要点

室外墙面抹灰操作要点见表4-2。

表4-2 室外墙面抹灰操作要点

步骤	内容及图示
基层处理	砖墙基层：先划砖缝，以利粘结，并清除基层表面尘土、污垢、油渍等。并要浇水湿润，浇水量以浸入砖墙8~10mm为宜 混凝土基层：用10%的火碱水清除残留的隔离剂、污垢、油渍等，后用清水冲洗干净。对凹凸不平处，用1:3水泥砂浆抹平或剔平突出部位。对于光滑的混凝土基层采用凿毛和"毛化"两种方法处理。最后结合层采用素水泥浆（水灰比为0.4）刮抹
找规矩、做灰饼	外墙抹灰与内墙找规矩有所不同，在建筑物外墙的四大角先抹好由上而下的垂直通线，门窗口角、垛都要吊垂直。其方法采用缺口木板来做上下两边的灰饼，规方后要挂竖线在两侧做若干灰饼，然后再挂横线做中间的灰饼。竖向灰饼以每步架不少于1个为宜，横向灰饼以1.2~1.5m间距为宜，灰饼大小为5cm见方，与墙面平行，厚度约为12mm
冲筋、抹阳角灰	冲筋可在装档前，先抹出若干条标筋后再装档，也可以用专人在前冲筋，后跟人装档。冲筋厚度与上下灰饼一平，以10cm宽为宜，并在同一垂线上。冲筋数量要以每次下班前能完成装档为准，不要做隔夜筋

续表 4 - 2

步骤	内容及图示
冲筋、抹阳角灰	在抹底子灰过程中遇有门窗口时，可以随抹墙面一同打底子灰，也可以把离口角一周5cm及侧面留出来先不抹，派专人随后抹，这样施工比较快（门窗口角的做法可参考前面的门窗护角做法）。如有阳角大角，要在另一面反贴八字尺，尺棱出墙与灰饼一平，靠尺粘贴后要挂垂直线，吊直后依尺抹平、刮平、搓实。做完一面后反尺正贴在抹好的一面做另一面，方法相同。底、中层灰抹完后，表面要扫毛。为了使饰面美观，防止面积过大不便施工操作和避免面层砂浆产生收缩裂缝，一般均需设分格线，粘贴分格条
粘分格条	粘贴分格条在中层抹灰完成后进行。按设计要求尺寸，弹出横向分格线和竖向分格线。竖向分格线要求用线锤吊线或经纬仪校正垂直度，横向分格线要以水平线为依据，校正水平。分格条在使用前要放在水中泡透，既便于粘结，又能防止分格条使用时变形。另外，分格条因本身水分蒸发而收缩也轻易取出，又能使分格条两侧的灰口棱边整齐。根据分格线的长度将分格条尺寸分好，然后用铁皮抹子将素水泥浆抹在分格条的背面。水平分格条宜粘贴在水平线的下口，垂直分格条宜粘贴在垂直线的左侧，这样易于观察，操作比较方便。粘贴完一条竖向或横向的分格条后，应用直尺校正其平整，并将分格条两侧用水泥浆抹成呈八字形斜角（若是水平条应先抹下口）。如是当天抹面层灰的分格条，两侧八字形斜角可抹成45°，如是当天不抹面的"隔夜条"，两侧八字形斜角应抹陡些，成60°角 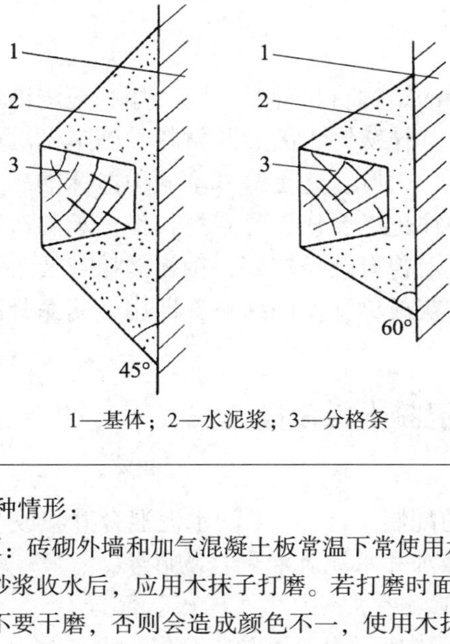 1—基体；2—水泥浆；3—分格条
抹外墙灰	外墙抹灰可分为两种情形： 　　1）抹水泥混合砂浆：砖砌外墙和加气混凝土板常温下常使用水泥混合砂浆。当中层抹完用刮尺起平，待砂浆收水后，应用木抹子打磨。若打磨时面层太干，应一边洒水，一边用木抹子打磨，不要干磨，否则会造成颜色不一，使用木抹子应将板面与墙面平贴，转动手腕，自上而下，自右而左，以圆圈形打磨，用力要均匀，使表面平整、密实。然后再顺向打磨，上下抽拉，轻重一致，使抹纹顺直，色泽均匀

续表 4 – 2

步骤	内容及图示
抹外墙灰	当分格条贴好后，就可以抹面层砂浆，配合比为 1∶1∶5 的混合砂浆应分两遍抹成，在砂浆抹灰与分格条平齐后，用木杠将面层刮平，木抹子搓毛，铁抹子压光，待表面无明水后，用刷子蘸水按垂直于地面方向轻刷一遍，使其表层颜色均匀一致 2）抹水泥砂浆：混凝土墙或砖砌外墙北方施工常采用水泥砂浆。抹底层砂浆（1∶3）时，必须把砂浆压入灰缝内，并用木杠刮平，木抹子搓实，然后用扫帚在底层上扫毛，并浇水养护。抹面层灰时，要观察底层灰的干硬程度，面层抹灰应待底中层灰凝结后进行。过干时可先洒一遍水，后刮一道素水泥浆做粘结层，紧跟着抹面层 1∶2.5 的水泥砂浆两遍抹至与分格条平齐，然后按分格条厚度刮平、搓密实。并将分格条表面的余灰清除干净，以免起条时因表面余灰与墙面砂浆粘结而损坏墙面，当天粘的分格条在面层完成后即可取出
起分格条、养护	起分格条一般由条子的端头开始。用抹子把轻轻敲动条子即自动弹出。如起条有困难，可在条子端头钉一小钉，轻轻地将其向外拉出。"隔夜条"不宜当时取条，应在罩面层达到强度之后再取。条子取出后分格线处用水泥砂浆勾缝。分格线不得有错缝、掉棱和缺角，其缝宽和深浅均匀一致 罩面层成活 24h 后，要浇水养护 7d 以上

4.2 顶棚抹灰

由于建筑物顶棚的结构材料种类不同，如有现浇钢筋混凝土楼板、预制钢筋混凝土楼板及钢板网顶棚等，其抹灰饰面的砂浆材料和施工做法也不尽相同，但是一般抹灰均要求分层操作，且每层不可太厚，这是最基本的构造标准。顶棚抹灰并不只是单指在楼板底面的直接涂抹操作，往往也需要依靠骨架材料作支承和造型，营造出顶棚的艺术形象之后才进行抹灰。我国传统上曾有板条抹灰、钢板网抹灰及苇箔抹灰等，根据当前的需要，比较适宜的还是钢板网抹灰或称钢丝网抹灰，即用金属龙骨吊顶，而后固定钢丝网再行抹灰的构造做法。

4.2.1 现浇钢筋混凝土板顶棚抹灰

1. 施工准备

（1）灰浆材料的配制。1∶0.5∶1 的水泥混合砂浆或 1∶3 的水泥砂浆，纸筋灰罩面。

（2）10% 的火碱水和水泥乳液聚合物砂浆。

（3）工具与机具。见"室内墙面抹灰"部分。

（4）作业条件。结构工程通过验收合格，并弹好 +50cm 水平线。

（5）搭脚手架。铺好脚手板后距顶板 1.8m 左右，以人在架子上，头顶距离顶棚 10cm 左右为宜，脚手板间距不大于 0.5m，板下平杆或马凳的间距不大于 2m。

2. 工艺顺序

基层处理→弹线、找规矩→抹底子灰→抹罩面灰。

3. 操作要点

顶棚抹灰操作要点见表4-3。

表4-3 顶棚抹灰操作要点

步骤	内容及图示
基层处理	首先将凸出的混凝土剔平，对钢模施工的混凝土顶应凿毛，并用钢丝刷满刷一遍，再浇水湿润。也可采用"毛化处理"办法，即先将表面尘土、污垢清扫干净，用10%的火碱水将顶面的油污刷掉，随之用清水将碱液冲净，晾干。然后在1:1的水泥细砂浆内掺水重20%的胶粘剂，用机喷或用扫帚将砂浆甩到顶上，甩点要均匀，初凝后浇水养护，直至水泥砂浆疙瘩全部粘到混凝土光面上，并有较高的强度，用手掰不动为止 
弹线、找规矩	根据+50cm水平线找出靠近顶棚四周的水平线。方法为用尺杆或钢尺量至离顶棚板距离100mm处，再用粉线包弹出四周水平线作为顶棚水平的控制线，也可称为顶棚抹灰层的面层标高线，此标高线注意必须从+50cm水平线量起，绝不可从顶棚底往下量 
抹底子灰	包括底层灰和中层灰两层灰之和，分两次抹。抹底层灰时是在混凝土顶板湿润的情况下，先刷掺胶粘剂的素水泥浆一道（内掺水重10%的胶粘剂），随刷随抹，底层灰可采用水泥混合砂浆或水泥砂浆（配比见前面灰浆材料配制），厚度控制在2~3mm为宜，操作时需用力压，以便将底层灰挤入到混凝土顶板细小孔隙中，用软刮尺刮抹顺平，用木抹子搓平搓毛。注意顶棚抹灰不做灰饼、标筋，所以顶棚抹灰的平整度由目测和水平线找齐。抹中层灰时，抹压方向宜与底层灰抹压方向垂直。高级的顶棚抹灰，应加钉长350~450mm的麻束，间距为400mm，并交错布置，分遍按放射状梳理抹进中层灰内。中层灰一般采用水泥混合砂浆，厚度控制在6mm左右。抹完后仍用原软刮尺顺平，然后用木抹子搓平整

续表 4 – 3

步骤	内容及图示
抹底子灰	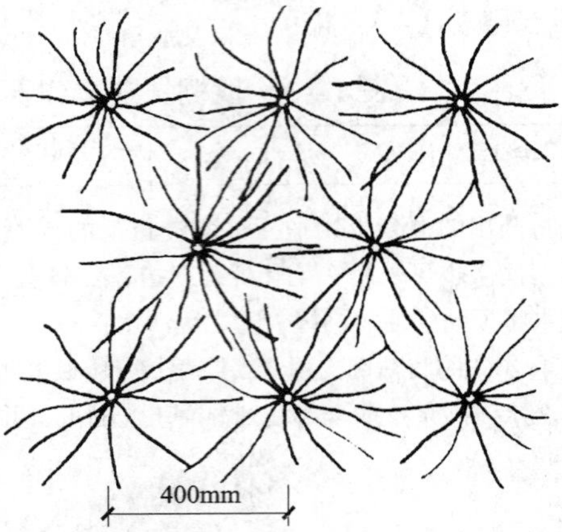 　400mm
抹罩面灰	待中层灰达到六七成干，即用手按不软但有指印时，就可以抹罩面灰。要防止中层灰过干，如过干可洒水湿润再抹 当采用纸筋灰罩面时，厚度应控制在2mm，并要分两遍抹成，第一遍灰抹得厚度越薄越好，紧跟着抹第二遍罩面灰。操作时抹子要平，稍干后，用塑料抹子或压子顺着抹纹压实压光，二遍成活 

4.2.2　顶棚钢板网吊顶抹灰

钢板网抹灰一般需在结构基体（木结构、钢筋混凝土结构、钢结构）下吊木龙骨或轻钢龙骨。木龙骨应先进行防腐处理，需有足够刚度，间距不宜超过400mm，龙骨下表面需刨平，以便使其能铺钉平整。木龙骨下一般需再加钉固定或用10~12号镀锌钢丝绑扎固定经拉直的 $\phi6@200$ 钢筋条，然后再用钢丝将钢板网绷紧绑固在钢筋条上（钢板网网眼不宜超过 $10mm \times 10mm$），再予以抹灰。也有在轻钢龙骨下焊敷上述钢筋条及钢板网，然后进行抹灰的做法。

1. 准备工作

必须先检查水、电、管、灯饰等安装工作是否竣工；结构基体是否有足够刚度；当有动荷载时，结构基体有否颤动（民用建筑最简单的检验方法是多人同时在结构上集中跳动），如有颤动，易使抹灰层开裂或剥落，宜进行结构加固或采用其他顶棚装饰形式；所用材料是否准备齐全，其中需要用到的麻丝束宜选用坚韧白麻皮，事先锤软梳散，剪成 350~450mm 长，分成小束，用水浸湿。

2. 安装龙骨

根据不同结构基体及设计要求，安装木龙骨或轻钢龙骨。

（1）金属龙骨安装。钢板网抹灰也有采用金属作龙骨，多用于防火要求较高的重要建筑工程。

（2）木龙骨安装。木龙骨断面大小需根据不同结构基体、是否有附加荷载等具体情况而定。木材必须干燥，含水量不得超过 10%，应选用不易变形及翘曲的木材如杉木等作龙骨，木龙骨如有死节或直径大于 5mm 的虫眼，应用同一树种木塞加胶填补完整，应按设计要求进行防火或防腐处理。木龙骨安装时，应根据弹线标高掌握其平整度，并视跨度大小等情况适当起拱。木龙骨与结构基体悬吊方法一般用 $\phi6 \sim \phi10$ 钢螺杆相互连接固定，可参见后述的活动式吊顶相关内容。次木龙骨可采用 3in 或 4in 钉穿过次龙骨斜向钉入主龙骨，次龙骨接头和断裂及有较大节疤处，应用双面夹板夹住钉牢并错位使用。龙骨安装时应事先与水电管线、通风口、灯具口等配合好，避免发生矛盾。

3. 弹线

根据设计吊顶标高、龙骨材料断面高度及抹灰层总厚度在墙柱面顶四周弹出有关水平线。一般情况下可采用透明水管中充满水的"水柱法"定出两点标高，每两点标高弹线即为水平线。此法简易可行，也较准确。若为高级抹灰顶棚且有梁凸出时，应事先对梁的抹灰层厚度（包括龙骨安装）找规矩，控制好其阴阳角方正、立面垂直、平面平整之标志。

4. 钉固钢筋条及钢板网

当为木龙骨时，可用铁钉或钢丝将 $\phi6@200$ 钢筋固定在木龙骨上，钢筋需先经机械拉直，与木龙骨固定牢靠，为确保钢筋条不在木龙骨面滑动引起下挠，应将钢筋条两端弯钩，钩住龙骨后再钉牢。当为金属龙骨时，可用电焊将钢筋条焊固在金属龙骨上。钢筋条接头均应错开。钢筋条固定后应平整、无下挠现象。然后用 22 至 20 号钢丝将处于绷紧绷平状态下的钢板网绑固于钢筋条下，钢板网的搭接不得小于 200mm，搭接口应选在木龙骨及钢筋条处，以便与之钉牢和绑牢，不得使接头空悬。钢板网拉紧扎牢后，须进行检验，1m 内的凹凸偏差不得大于 10mm。

5. 挂麻丝束

将小束麻丝每隔 300mm 左右卷挂在钢板网钢丝上，两端纤维垂下长 200mm 左右并散开，成梅花点布置，并注意在每龙骨处应适当挂密些。

6. 分遍成活

顶棚钢板网吊顶抹灰应分遍成活，其操作要点如下：

（1）抹底层灰要点。

1）底层灰用麻刀灰砂浆，体积比为麻刀灰∶砂 = 1∶2。

2）用钢抹子将麻刀灰砂浆压入金属网眼内，形成转角。

3) 底层灰第一遍厚度4~6mm，将每个麻束的1/3分成燕尾形，均匀粘嵌入砂浆内。

4) 在第一遍底层灰凝结而尚未完全收水时拉线贴灰饼，灰饼的间距为800mm。

5) 用同样方法刮抹第二遍，厚度同第一遍，再将麻束的1/3粘在砂浆上。

6) 用同样方法抹第三遍底层灰，将剩余的麻丝均匀地粘在砂浆上。

7) 底层抹灰分三遍成活，总厚度控制在15mm左右。

（2）抹中层灰要点。

1) 抹中层灰用1:2麻刀灰浆。

2) 在底层灰已经凝结而尚未完全收水时拉线贴灰饼，按灰饼用木抹子抹平，厚度为4~6mm。

（3）抹面层灰要点。

1) 在中层灰干燥后，用沥浆灰或者细纸筋灰罩面，厚度为2~3mm，用钢抹子溜光、平整洁净。也可用石膏罩面，在石膏浆中掺入石灰浆后，一般控制在15~20min内凝固。

2) 涂抹时，分两遍连续操作，最后用钢板抹子溜光，各层总厚度控制在2.0~2.5cm。

3) 钢板网吊顶顶棚抹灰，为了防止裂缝、起壳等缺陷，在砂浆中不宜掺水泥，如果想掺水泥，掺量应经试验后慎重确定。

4.3 地面抹灰

4.3.1 水泥砂浆地面抹灰

室内地面水泥砂浆抹灰工艺做法也是一种传统的整体地面面层典型做法。由于它具有造价低、使用耐久、施工操作简便等优点，应用相当广泛，并应作为抹灰工艺基本技能熟练掌握。

1. 施工准备

（1）材料准备。水泥采用硅酸盐水泥、普通硅酸盐水泥，其强度等级不应小于32.5，不同品种、不同强度等级的水泥严禁混用；砂应为中粗砂，当采用石屑时，其粒径应为1~5mm，且含泥量不应大于3%。

（2）工具机具准备。砂浆搅拌机、手推车、木杠、木抹子、铁抹子、铁锹、水桶、长把刷子、铁丝刷、粉线包等。

（3）作业条件。地面垫层中各种预埋管及管线已完成，管洞已堵实，有地漏的房间已找泛水，地面四周墙身+50cm的水平墨线已弹好，门框已立好，再一次核查找正，高差已标明。

2. 工艺顺序

基层处理→弹线、找标高→洒水湿润→抹灰饼和标筋→搅拌砂浆→刷水泥砂浆结合层→铺设水泥砂浆面层→搓平、压光→养护。

3. 操作要点

水泥砂浆地面抹灰操作要点见表4-4。

表 4 - 4　水泥砂浆地面抹灰操作要点

步骤	内容及图示
基层处理	要求垫层基层的抗压强度不得小于 1.2MPa，表面应粗糙、洁净、湿润并不得有积水。一切浮灰、油渍、杂质必须分别清除，方法为先将基层上的灰尘扫掉，用钢丝刷和錾子刷净或剔除灰浆皮和灰渣层，用 10% 的火碱水溶液刷掉基层上的油污，并用清水及时将碱水冲净，表层光滑的基层要凿毛，并用清水冲干净 
弹线、找标高	应先在四周墙上弹上一道水平基准线，作为确定水泥砂浆面层标高的依据。水平基线是以地面 ±0.00 标高及楼层砌墙前的抄平点为依据，一般可根据情况弹在标高 50cm 的墙上。弹准线时，要注意按设计要求的水泥砂浆面层厚度弹线。水泥砂浆面层的厚度应符合设计要求，且不应小于 20mm
洒水湿润	一般应提前一天用喷壶将地面基层均匀洒水一遍
抹灰饼和标筋	根据水平基准线再把地面面层上皮的水平基准线弹出。面积不大的房间可根据水平基准线直接用长木杠抹标筋，施工中进行几次复尺即可。面积较大的房间应根据水平基准线在四周墙角处每隔 1.5~2.0m 用 1:2 水泥砂浆抹标志块（灰饼），大小一般是 8~10cm 见方。待灰饼结硬后，再以灰饼的高度做出纵横方向通长的标筋以控制面层的厚度。标筋仍用 1:2 水泥砂浆，宽度一般为 8~10cm。标筋的高度即为控制水泥砂浆面层抹灰厚度，并应与门框的锯口线吻合 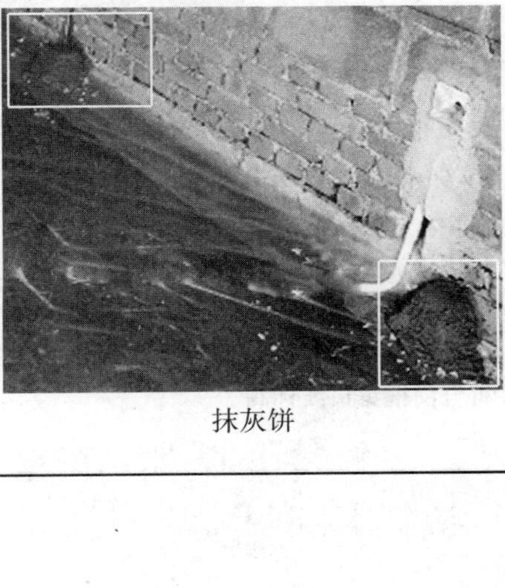 抹灰饼

续表 4 – 4

步骤	内容及图示
抹灰饼和标筋	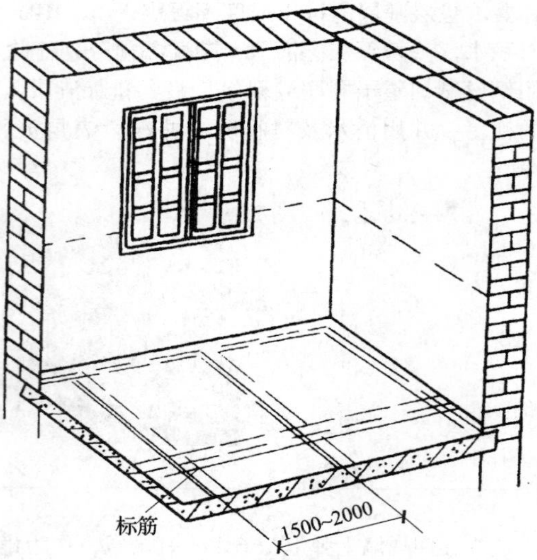 标筋　1500~2000　做标筋
搅拌砂浆	面层水泥砂浆的体积比应为 1∶2，强度等级不应小于 M15，稠度不应大于 35mm。要求拌和均匀、颜色一致
刷水泥砂浆结合层	即涂刷水泥素浆一遍，其水灰比为 0.4~0.5，并应在铺设水泥砂浆之前，随着刷水泥浆即开始铺面层砂浆，不要刷得太早或过大，否则起不到使基层与面层粘结的作用 
铺设水泥砂浆面层	在涂刷水泥浆后紧跟着铺水泥砂浆，在标筋之间将砂浆铺均匀，然后用木刮杠按标筋高度刮平。操作时由里向外，在两条标筋之间由前往后摊铺砂浆。灰浆经摊铺、木刮扛刮平后，同时将利用过的标筋敲掉，并用砂浆填平。最后从房间里面刮到门口并符合门框锯口线标高

续表 4 - 4

步骤	内容及图示
铺设水泥砂浆面层	
搓平、压光	地面水泥砂浆用木杠刮平后,立即用木抹子搓平,从内向外退着操作,并随时用 2m 靠尺检查其平整度。木抹子搓平后,用铁抹子压第一遍,直至出浆为止称为第一遍的压光工序,应在表面初步收水后,水泥初凝前完成,此时的找平工作应在水泥初凝前完成。待表面的水已经下去,人踩上去有脚印但不下陷时,用铁抹子压第二遍,边抹压边把坑凹处填平、压实,要求不漏压,达到表面压平、压光。有分格要求的地面第一遍压后,应用劈缝溜子开缝,并用溜子将分格缝内压平、溜直。在第二遍压光后进一步应用溜子溜压,做到缝边光直、缝隙清晰、缝内光滑顺直。在水泥砂浆终凝前进行第三遍压光,要求用铁抹子抹完后不再有抹纹。面层全部抹纹要压平、压实、压光。此项工作必须在水泥砂浆终凝前完成 　　水泥砂浆地面面层压光要三遍成活。这就要求每遍抹压的时间要掌握得当。由于普通硅酸盐水泥的终凝时间不大于 2h,因此,地面层压光过迟或提前都会影响交活的质量
养护	水泥砂浆面层抹压后,应在常温湿润条件下养护。养护要适时,如浇水过早易起皮,浇水过晚则会使面层强度降低而加剧其干缩和开裂倾向。一般夏天在 24h 后养护,春秋季节应在 48h 后养护,养护时间不应少于 7d。抗压强度应达到 5MPa 后,方准上人行走,抗压强度应达到设计要求后方可正常使用

4.3.2 水磨石地面抹灰

　　水磨石面层是采用水泥与石粒的拌和料在 15 ~ 20mm 厚的 1∶3 水泥砂浆基层上铺设而成。面层厚度除特殊要求外宜为 12 ~ 18mm,并应按选用石粒粒径确定,如图 4 - 5 所示。水磨石面层的颜色和图案应按设计要求,面层分格不宜大于 1000mm × 1000mm,或按设计要求。

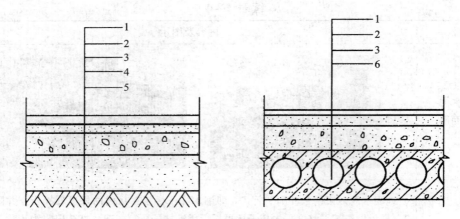

图 4 – 5　水磨石面层构造

1—水磨石面层；2—1:3 水泥砂浆基层；3—水泥混凝土垫层；
4—灰土垫层；5—基土；6—楼结构层

1. 施工准备

（1）材料及主要机具。

1）水泥：白色或浅色的水磨石面层应采用白水泥；深色的水磨石面层宜采用硅酸盐水泥、普通硅酸盐水泥或矿渣硅酸盐水泥，其强度等级不应小于 42.5。同颜色的面层应使用同一批水泥。

2）矿物颜料：水泥中掺入的颜料应采用耐光、耐碱的矿物颜料，不得使用酸性颜料，掺入量宜为水泥重量的 3% ~6%，或由试验确定。同一彩色面层应使用同厂、同批的颜料。

3）石粒：应采用坚硬可磨的白云石、大理石等岩石加工而成。石料应洁净无杂物，粒径除特殊要求外宜为 4 ~14mm。

4）分格条。

①玻璃条：平板普通玻璃裁制而成，3mm 厚，一般为 10mm 宽（根据面层厚度而定），长度由分块尺寸确定。

②铜条：1 ~2mm 厚铜板裁成 10mm 宽（还要根据面层厚度而定），长度由分格尺寸确定，用前必须调直调平。

5）砂：中砂，过 8mm 孔径的筛子，含泥量不得大于 3%。

6）草酸：块状、粉状均可，用前用水稀释。

7）白蜡及 22 号铁丝。

8）主要机具：水磨石机、滚筒（直径一般为 200 ~250mm，长 600 ~700mm，混凝土或铁制）、木抹子、毛刷子、铁簸箕、靠尺、手推车、平锹、5mm 孔径筛子、油石（规格按粗、中、细）、胶皮水管、大小水桶、扫帚、钢丝刷、铁器等。

（2）作业条件。

1）顶棚、墙面抹灰已完成并已验收，屋面已做完防水层。

2）安装好门框并加防护，与地面有关的水、电管线已安装就位，穿过地面的管洞已堵严、堵实。

3）做完地面垫层，按标高留出磨石层厚度（至少3cm）。

4）石粒应分别过筛并洗净无杂物。

2. 工艺流程

基层处理→找标高→弹水平线→铺抹找平层砂浆→养护→弹分格线→镶分格条→拌制水磨石拌和料→涂刷水泥砂浆结合层→铺设水磨石拌和料→滚压、抹平→试磨→粗磨→细磨→磨光→草酸擦洗→打蜡上光。

3. 操作要点

水磨石抹灰操作要点见表4-5。

表4-5 水磨石抹灰操作要点

步 骤	内容及图示
基层处理	将混凝土基层上的杂物清净，不得有油污、浮土。用钢錾子和钢丝刷将沾在基层上的水泥浆皮錾掉、铲净 
找标高、弹水平线	根据墙面上的+50cm标高线，往下量测出磨石面层的标高，弹在四周墙上，并考虑其他房间和通道面层的标高，要保持一致
铺抹找平层砂浆	根据墙上弹出的水平线留出面层厚度（10~15mm），抹1:3水泥砂浆找平层。为了保证找平层的平整度，先抹灰饼（纵横方向间距为1.5m左右），大小8~10cm 灰饼砂浆硬结后，以灰饼高度为标准抹宽度为8~10cm的纵横标筋 在基层上洒水湿润，刷一道水灰比为0.4~0.5的水泥浆，面积不得过大，随刷浆随铺抹1:3找平层砂浆，并用2m长刮杠以标筋为标准进行刮平，再用木抹子搓平 

续表 4 – 5

步　骤	内容及图示
养护	抹好找平层砂浆后养护 24h，待抗压强度达到 1.2MPa 方可进行下道工序施工
弹分格线	根据设计要求的分格尺寸，一般采用 1m×1m。在房间中部弹十字线，计算好周边的镶边宽度后，以十字线为准可弹分格线。如果设计有图案要求，应按设计要求弹出清晰的线条 
镶分格条	用小铁抹子抹稠水泥浆将分格条固定住（分格条安在分格线上），抹成 30°八字形，高度应低于分格条条顶 3mm，分格条应平直（上平必须一致）、牢固、接头严密，不得有缝隙，作为铺设面层的标志。另外在粘贴分格条时，在分格条十字交叉接头处，为了使拌和料填塞饱满，在距交点 40～50mm 内不抹水泥浆 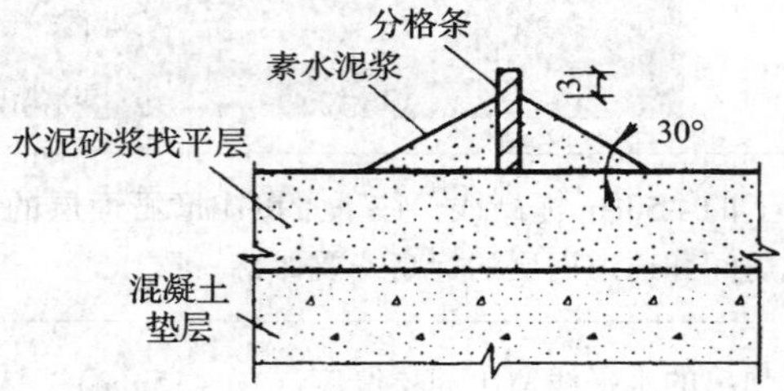 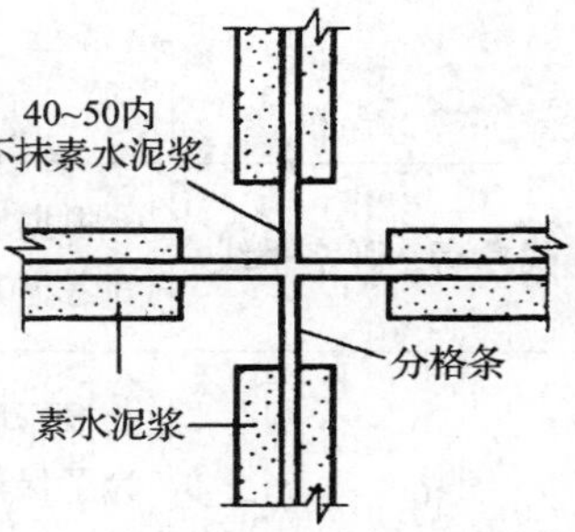 采用铜条时，应预先在两端头下部 1/3 处打眼，穿入 22 号铁丝，锚固于下口八字角水泥浆内，镶条后 12h 后开始浇水养护最少 2d，在此期间房间应封闭，禁止各工序进行
拌制水磨石拌和料（或称石渣浆）	拌和料的体积比宜采用 1:1.5～1:2.5（水泥:石粒），要求配合比准确、拌和均匀 　彩色水磨石拌和料除彩色石粒外，还加入耐光耐碱的矿物颜料，其掺入量为水泥重量的 3%～6%。普通水泥与颜料配合比、彩色石子与普通石子配合比在施工前都须经化验室试验后确定。同一彩色水磨石面层应使用同厂、同批颜料。在拌制前应根据整个地面所需的用量将水泥和所需颜料一次统一配好、配足。配料时不仅要用铁铲拌和，还要用筛子筛均匀，用包装袋装起来存放在干燥的室内，避免受潮。彩色石粒与普通石粒拌和均匀后集中储存待用 　各种拌和料在使用前加水拌和均匀，稠度约为 6cm

续表 4 −5

步　　骤	内容及图示
涂刷水泥砂浆结合层	先用清水将水泥砂浆找平层洒水湿润，涂刷与水泥砂浆颜色相同的结合层，其水灰比宜为 0.4 ~ 0.5，要刷均匀，也可在水泥浆内掺加胶粘剂，要随刷随加拌和料，不得刷得面积过大，防止浆层风干导致面层空鼓 
铺设水磨石拌和料	水磨石的面层厚度除有特殊要求外，宜为 12 ~ 18mm，并应按石料粒径确定。铺设时将搅拌均匀的拌和料先铺抹分格条边，后铺入分格条方框中间，用铁抹子由中间向边角推进，在分格条两边及交角处特别注意压实抹平，随抹随用直尺进行平度检查。如局部地面铺设过高，应用铁抹子将其挖去一部分，再将周围的水泥石子浆拍挤抹平（不得用刮杆刮平） 几种颜色的水磨石拌和料不可同时铺抹，要先铺抹深色的，后铺抹浅色的，待前一种凝固后再铺后一种（因为深颜色的掺矿物颜料多，强度增长慢，影响机磨效果）
滚压、抹平	用滚筒滚压前，先用铁抹子或木抹子在分格条两边宽约 10cm 范围内轻轻排实（避免将分格条挤移位）。滚压时用力要均匀（要随时清掉粘在滚筒上的石渣），应从横竖两个方向轮换进行，达到表面平整密实、出浆石粒均匀。待石粒浆稍收水后，再用铁抹子将浆表面抹平、压实，如发现石粒不均匀之处，应补石粒浆再用铁抹子拍平、压实，24h 后浇水养护 
试磨	一般根据气温情况确定养护天数，温度在 20 ~ 30℃时 2 ~ 3d 即可开始机磨，过早开磨石粒易松动，过迟造成磨光困难，所以需进行试磨，以面层不掉石粒为准

续表 4-5

步　骤	内容及图示
粗磨	第一遍用 60~90 号粗金刚石磨，使磨石机机头在地面上走横"8"字形，边磨边加水（如磨石面层养护时间太长，可加细砂加快机磨速度），随时清扫水泥浆，并用靠尺检查平整度，直至表面磨平、磨匀，分格条和石粒全部露出（边角处用人工磨成同样效果），用水清洗晾干，然后用较浓的水泥浆（如掺有颜料的面层，应用同样掺有颜料配合比的水泥浆）擦一遍，特别是面层的洞眼小孔隙要填实抹平，脱落的石粒应补齐。浇水养护 2~3d 
细磨	第二遍用 90~120 号金刚石磨，要求磨至表面光滑为止。然后用清水冲净，满擦第二遍水泥浆，仍注意小孔隙要细致擦严密，然后养护 2~3d
磨光	第三遍用 200 号细金刚石磨，磨至表面石子显露均匀，无缺石粒现象，平整、光滑、无孔隙为度  　　普通水磨石面层磨光遍数不应少于三遍，高级水磨石面层的厚度和磨光遍数及油石规格应根据设计确定
草酸擦洗	为了取得打蜡后显著的效果，在打蜡前磨石面层要进行一次适量限度的酸洗，一般均用草酸进行擦洗，使用时，先用水加草酸化成约 10% 浓度的溶液，用扫帚蘸后洒在地面上，再用油石轻轻磨一遍，磨出水泥及石粒本色，再用水冲洗软布擦干。此道操作必须在各工种完工后才能进行，经酸洗后的面层不得再受污染
打蜡上光	将蜡包在薄布内，在面层上薄薄涂一层，待干后用钉有帆布或麻布的木块代替油石，装在磨石机上研磨，用同样方法再打第二遍蜡，直到光滑洁亮为止

续表 4 - 5

步　　骤	内容及图示
打蜡上光	

4.3.3　细石混凝土地面抹灰

1.　施工准备

（1）材料准备。

1）水泥。普通硅酸盐水泥、矿渣硅酸盐水泥强度等级不小于 32.5。要求对水泥的凝结时间和安定性进行复验并符合设计要求。

2）石子。最大粒径不大于面层厚度的 2/3，并且不应大于 15mm，含泥量小于 2%。

3）砂。粗砂，含泥量不大于 3%。

（2）工具、机具准备。混凝土搅拌机、平板振捣器、手推车、2m 靠尺、水桶、铁滚子、平锹、铁抹子、木抹子、钢丝刷等。

（3）作业条件。地面标高已测定完毕，地面各种管线已埋好，门下槛收口已安装，门框已立好，室内有地漏已找泛水，墙身已测 +50cm 水平线。

2.　工艺顺序

基层处理→弹线、找标高→洒水湿润→抹灰饼和标筋→刷素水泥浆→浇筑细石混凝土→抹面层压光→养护。

3.　操作要点

细石混凝土地面抹灰操作要点见表 4 - 6。

表 4 - 6　细石混凝土地面抹灰操作要点

步　　骤	内容及图示
基层处理	先将灰尘清扫干净，然后将粘在基层上的浆皮铲掉，用碱水将油污刷掉，最后用清水将基层冲洗干净
弹线、找标高	根据墙面上已有的 +50cm 水平标高线量测出地面面层的水平线，弹在四周墙面上，并要与房间以外的楼道、楼梯平台、踏步的标高相呼应，贯通一致
洒水湿润	在抹面层的前一天对基层表面进行洒水湿润

续表 4 - 6

步　骤	内容及图示
洒水湿润	
抹灰饼和标筋	根据已弹出的面层水平标高线横竖拉线，用与豆石混凝土相同配合比的拌和料抹灰饼，横竖间距为 1.5m，灰饼上标高就是面层标高 　　面积较大的房间为保证房间地面平整度，还要做标筋（或叫冲筋），以做好的灰饼为标准抹条形标筋，用刮尺刮平，作为浇筑细石混凝土面层厚度的标准
刷素水泥浆	在铺设细石混凝土面层以前，在已湿润的基层上刷一道 1:0.4 ~ 1:0.5（水泥:水）的素水泥浆，不要刷得面积过大，要随刷随铺细石混凝土，避免时间过长水泥浆风干导致面层空鼓
浇筑细石混凝土	细石混凝土面层的强度等级应按设计要求做试配，如设计无要求，不应小于 C20，由试验室根据原材料强度计算出配合比。应用搅拌机搅拌均匀，坍落度不宜大于 30mm。并按国家标准相关规定制作混凝土试块，每一层建筑地面工程不应少于一组，当每层地面工程建筑面积超过 1000m² 时，每增加 1000m² 各增做一组试块，不足 1000m² 按 1000m² 计算。当改变配合比时，也应相应制作试块 　　将搅拌好的细石混凝土铺抹到地面基层上（水泥浆结合层要随刷随铺），紧接着用 2m 长刮杠顺着标筋刮平，然后用滚筒（常用的为直径 20cm，长度 60cm 的混凝土或铁制滚筒，厚度较厚时应用平板振动器）往返、纵横滚压，如有凹处用同配合比混凝土填平，直到面层出现泌水现象，撒一层干拌水泥砂（水泥:砂 = 1:1）拌和料，要撒匀（砂要过 3mm 筛），再用 2m 长刮杠刮平（操作时均要从房间内往外退着走） 
抹面层压光	面层抹压分三遍完成。面层抹压操作要点：必须在水泥初凝前完成抹平工作，终凝前完成压光工作。如果在终凝后再进行抹压，则水泥凝胶体的凝结结构会遭到破坏，甚至造成大面积的地面空鼓，很难再进行闭合补救。这不仅会影响强度，而且也容易引起面层起灰、脱皮和裂缝等一些质量缺陷 　　第一遍抹压。用木抹子搓平后，稍收水用铁抹子轻轻抹压面层，把脚印压平

续表 4 – 6

步　骤	内容及图示
抹面层压光	第二遍抹压。当面层开始凝结，地面面层上人有脚印但不下陷时，用铁抹子进行第二遍抹压。此时要注意不得漏压，并将面层上的凹坑、砂眼和脚印压平 　　第三遍抹压。当地面面层踩上去稍有脚印，抹压不再有抹子纹时，开始抹压第三遍。第三遍用力稍大，将抹纹抹干压光，并在终凝前完成。若采用地面压光机压光，在压第二、三遍时，砂浆的干硬度比手工压光应稍大一些。水泥地面三遍压光非常重要，要按要求并根据砂浆的凝固情况选择适当时间进行，分次压光才能保证工作质量。如果是分格地面，应在撒干水泥砂子干灰面时，待用木抹子搓平以后，按分格要求弹线，然后用铁抹子在弹线两侧各 20cm 宽范围内抹压一遍，再用溜缝抹子划缝，以后随大面压光时，沿分格缝用溜缝抹子抹压两遍后成活
养护	面层抹压完 24h 后（有条件时可覆盖塑料薄膜养护）进行浇水养护，每天不少于 2 次，养护时间一般不少于 7d（房间应封闭养护，期间禁止进入）

4.4　细部抹灰

4.4.1　踢脚板抹灰

　　厨房、厕所的墙角等经常潮湿和易碰撞的部位要求防水、防潮、坚硬。因此，抹灰时往往在室内设踢脚板，厕所、厨房设墙裙。通常用 1∶3 水泥砂浆抹底，中层用 1∶2 或 1∶2.5 水泥砂浆抹面层。抹灰时根据墙的水平基线用墨斗子或粉线包弹出踢脚板、墙裙或勒脚高度尺寸水平线，并根据墙面抹灰大致厚度决定勒脚板的厚度。凡阳角处，用方尺规方，最好在阳角处弹上直角线。规矩找好后，将基层处理干净，浇水湿润，按弹好的水平线将八字靠尺板粘嵌在上口，靠尺板表面正好是踢脚板的抹灰面，用 1∶3 水泥砂浆抹底层、中层，再用木抹子搓平、扫毛、浇水养护。待底层、中层砂浆六七成干时，就应进行面层抹灰。面层用 1∶2.5 水泥砂浆先薄刮一遍，再抹第二遍，先抹平八字靠尺、搓平、压光，然后起下八字靠尺，用小阳角抹子捋光上口，再用压子压光。另一种方法是在抹底、中层砂浆时，先不嵌靠尺板，而在抹完罩面灰后用粉线包弹出踢脚板的高度尺寸线，把靠尺板靠在线上口用抹子切齐，再用小阳角抹子捋光上口，然后再压光。

4.4.2 墙裙、里窗台与窗套、窗台抹灰

1. 墙裙、里窗台抹灰

墙裙、里窗台均为室内易受碰撞、易受潮湿部位，一般用1:3水泥砂浆作底层，用1:(2~2.5)的水泥砂浆罩面压光。水泥强度等级不宜太高，一般选用42.5R级早强性水泥。墙裙、里窗台抹灰是在室内墙面、顶棚、地面抹灰完成后进行，抹面一般凸出墙面抹灰层5~7mm。

（1）墙裙抹灰。墙裙抹灰前要清理基体，并浇水湿润。做出中层抹灰的灰饼，在墙面充分洒水后分层抹灰。面积大的墙裙，面层抹灰如无分格线，应挂垂线，用小块薄木作灰饼材料做出面层厚度控制标准。抹灰时应按灰饼刮冲筋，随即去掉木块用砂浆补平面层。按"冲筋→抹灰→刮平→木抹子打磨泛浆→压光"顺序作业。

小块墙裙不需做灰饼，只要抹灰后刮平即可，但凸出墙面的边口压光一次成活。

（2）里窗台抹灰。里窗台抹灰必须在窗台与窗框与下冒头缝镶嵌密实后进行。

操作方法是：窗台基体清理完毕，侧边的石灰浆清除干净，洒水并用少许砂浆刮浆。夹上靠尺抹第一层灰厚度到框的第一条边口。隔夜后，洒少许水，先抹窗台面的砂浆，让其收水凝结。压上靠尺，抹窗台侧面，并抹出同样宽度的窗台肩架，收水后刮平表面，用钢皮抹子压光。

翻转八字靠尺，平行窗框并夹牢，使抹灰面层咬着窗框第二条边口，兜方抹面层。将表面沿靠尺口刮平，用木抹子打磨后压光面层。翻转靠尺，切齐侧面下口并压光。切齐两肩架，注意其垂直方正。用抿角器抿出窗台小圆角，再压光表面成活。

2. 窗套、窗台抹灰

（1）窗套抹灰。窗套抹灰是指沿窗洞的侧边和天盘底（如无挑出窗台要包括窗台）用水泥砂浆抹出凸出墙面的围边，如图4-6所示。

操作要点：窗套抹灰要在墙面抹灰完工后进行，如外墙为水泥混合砂浆，抹面时要将该部位留出，并

1:2~2.5水泥砂浆罩面
1:3水泥砂浆打底
窗体

图4-6 窗套抹灰

用1:3水泥砂浆打底，再沿窗洞靠尺，压光外立面，用抿角器抿出侧边立角的圆角，切齐外口并压密实。侧边要求兜方窗框子并垂直于窗框，围边大小一致，棱角方正，边口顺直。

（2）外窗台抹灰。外窗台有挑出窗台和假窗台两种。外窗台抹灰砂浆是用1:3水泥砂浆打底，1:(2~2.5)水泥砂浆罩面。首先检查窗台与窗框下冒头的距离是否满足40~50mm间距要求。拉出水平和竖直通线，使水平相邻窗台的高度及同一轴线上下窗肩架尺寸统一起来。

清理基体洒水润湿，用水泥砂浆嵌入窗下冒头10~15mm深，间隙填嵌密实。按已找出的窗台水平高度与肩架长短标志，上靠尺抹底灰，使窗台棱角基本成形，窗台面呈向外泛水。隔夜后，先用水泥浆窝嵌底面滴水槽的分格条，分格条尺寸为10mm×10mm，窝嵌距离为离抹灰面20mm处。

随即将窗台两端头面抹上水泥砂浆，压上靠尺抹正立面砂浆，刮平后翻转靠尺，抹底

面砂浆，抹平分格条，刮平后初步压光。再翻靠尺抹平面砂浆，做好窗台向外 20mm 的泛水坡。

抹灰层收水凝结，压上靠尺用木抹子磨面并压光。作业顺序为先立面，再底面，后平面。用捋角器捋出窗台上口圆角，切齐两端面。使窗台肩架垂直方正、立角整齐、大小一致。最后取出底面分格条，用钢皮抹子整理抹面，成活。

4.4.3　梁抹灰

1. 清理基层

梁抹灰室内一般多用水泥混合砂浆抹底层、中层，再用纸筋石灰或麻刀石灰罩面、压光；室外梁常用水泥砂浆或混合砂浆。抹灰前应认真清理梁的两侧及底面，清除模板的隔离剂，用水湿润后刷水泥素浆或洒 1∶1 水泥砂浆一道。

2. 找规矩

顺梁的方向弹出梁的中心线，根据弹好的线控制梁两侧面抹灰的厚度。梁底面两侧也应当挂水平线，水平线由梁往下 1cm 左右，扯直后看梁底水平高低情况，阳角方正，决定梁底抹灰厚度。

3. 做灰饼

可在梁的两端侧面下口做灰饼，以梁底抹灰厚度为依据，从梁一端侧面的下口往另一端拉一根水平线，使梁两端的两侧面灰饼保持在一个立面上。

4. 抹灰

抹灰时，可采用反贴八字靠尺板的方法，先将靠尺卡固在梁底面边口，抹梁的两个侧面，抹完后再在梁两侧面下口卡固八字靠尺抹底面，抹灰方法与顶棚相同。抹完后，立即用阳角抹子把阳角捋光。

4.4.4　柱抹灰

柱按材料一般可分砖柱、钢筋混凝土柱，按形状又可分方柱、圆柱、多角形柱等。室内柱一般用石灰砂浆或水泥砂浆抹底层、中层，麻刀石灰或纸筋石灰抹面层；室外柱一般常用水泥砂浆抹灰。

1. 方柱

方柱抹灰应符合下列要求：

（1）基层处理。首先将砖柱、钢筋混凝土柱表面清扫干净、浇水湿润。在抹混凝土柱前可刷素水泥浆一遍，然后找规矩。如果方柱为独立柱，应按设计图纸所标志的柱轴线测量柱子的几何尺寸和位置，在楼地面上弹上垂直两个方向的中心线，并放上抹灰后的柱子边线（注意阳角都要规方），然后在柱顶卡固上短靠尺，拴上线锤往下垂吊，并调整线锤对准地面上的四角边线，检查柱子各方面的垂直和平整度。如果不超差，在柱四角距地坪和顶棚各 15cm 左右处做灰饼，如图 4-7 所示。

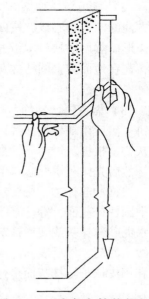

图 4-7　独立方柱找规矩

如果柱面超差，应进行处理，再找规矩做灰饼。

（2）找中心线。当有两根或两根以上的柱子，应先根据柱子的间距找出各柱中心线，用墨斗在柱子的四个立面弹上中心线，然后在一排柱子两侧（即最外的两个）柱子的正面上外边角（距顶棚 15cm 左右）做灰饼，再以此灰饼为准，垂直挂线做下外边角的灰饼，再上下拉水平通线做所有柱子正面上下两边灰饼，每个柱子正面上下左右共做四个。根据正面的灰饼用套板套在两端柱子的反面，再做两上边的灰饼，如图 4－8 所示。

（3）做灰饼。根据这个灰饼，上下拉水平通线，做各柱反面灰饼。正面、反面灰饼做完后，用套板中心对准柱子正面或反面中心线，做柱两侧的灰饼，如图 4－9 所示。

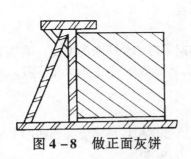
图 4－8　做正面灰饼

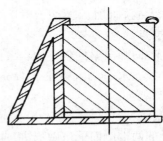
图 4－9　做两侧面灰饼

（4）抹灰。柱子四面灰饼做好后，应先往侧面卡固八字靠尺，抹正反面，再把八字靠尺卡固正、反面，抹两侧面，底、中层抹灰要用短木刮平，木抹子搓平，第二天抹面层压光。

2. 圆柱

（1）基层处理。同混凝土方柱基层处理。

（2）找规矩。独立圆柱找规矩，一般也应先找出纵横两个方向的中心线，并弹上两个方向的四根中心线，按四面中心点在地面分别弹出四个点的切线，就形成了圆柱的外切四边形。然后用缺口木板方法，由上四面中心线往下吊线锤，检查柱子的垂直度，如不超差，先在地面弹上圆柱抹灰后外切四边形，就按这个制作圆柱的抹灰套板，如图 4－10 所示。

（3）做灰饼、冲筋。可根据地面上放好的线，在柱四面中心线处，先在下面做四个灰饼，然后用缺口板挂线锤做柱上部四个灰饼。上下灰饼挂线，中间每隔 1.2m 左右做几个灰饼，根据灰饼冲筋，如图 4－11 所示。

然后先按灰饼标志厚度在水平方向抹一圈灰带，按上套板，紧贴灰饼转动，做出圆冲筋。根据冲筋标志，按要求抹底层与中层砂浆，用木杠竖直紧贴上下圆冲筋，横向刮动，刮平圆柱抹灰面，等砂浆收水后，用木抹子打磨，视面层抹灰要求处理底灰表面，如面层是水泥砂浆抹灰或装饰抹灰，则要求刮毛底灰层表面，隔夜后再抹面。罩面时先用罩面套板做出冲筋，然后表面抹灰、刮平、打磨，最后压光表面。打磨和压光作业时，应使木抹子和钢皮抹子沿抹灰面呈螺旋形横向打磨和压光。

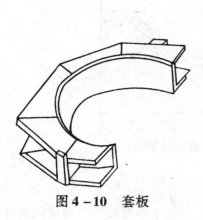

图 4 – 10　套板

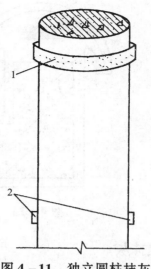

图 4 – 11　独立圆柱抹灰
方法示意图
1—冲筋；2—灰饼

4.4.5　檐口抹灰

檐口一般抹灰通长采用水泥砂浆。又由于檐口结构一般是钢筋混凝土板并突出墙面，又多是通长布置的，施工时通过拉通线用眼穿的方法决定抹灰的厚度。发现檐口结构本身里进外出，应首先进行剔凿、填补、修整的工作，以保证抹灰层的平整顺直，然后对基层进行处理。清扫、冲洗板底粘有的砂、土、污垢、油渍后，应采用钢丝刷子认真清刷，露出洁净的基体。加强检查后，视基层的干湿程度浇水湿润。

檐口边沿抹灰与外窗台相似，上面设流水坡，外高里低，将水排入檐沟，檐下（小顶棚的外口处）粘贴米厘条作滴水槽，槽宽、槽深不小于 10mm。抹外口时，施工工艺顺序是：先粘尺作檐口的立面，再做平面，最后做檐底小顶棚，这个做法的优点是不显接槎。檐底小顶棚操作方法同室内抹顶棚。檐口处贴尺、粘米厘条如图 4 – 12 所示，檐口上部平面粘尺示意如图 4 – 13 所示。

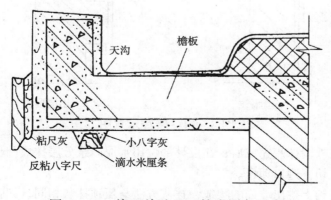

图 4 – 12　檐口处贴尺、粘米厘条示意

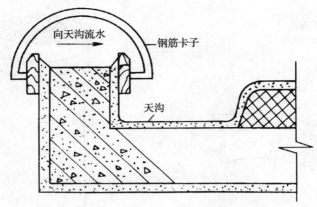

图 4 - 13   檐口上部平面粘尺示意

4.4.6   腰线抹灰

腰线是墙面沿水平方向凸出抹灰层的装饰线，可分平墙腰线与出墙腰线两种，如图 4 - 14 所示。

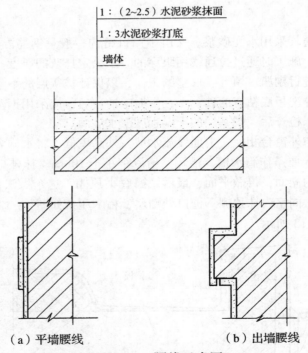

（a）平墙腰线   （b）出墙腰线

图 4 - 14   腰线示意图

平墙腰线是在外墙抹灰完成后，在设计部位用水泥砂浆分层抹成凸出墙 7～8mm 的水泥砂浆带，刮平、切齐边口即可。

出墙腰线是结构上挑出墙面的腰线，抹灰方法与压顶抹灰相同。如腰线带窗过梁，窗天盘抹灰与腰线抹灰一起完成，并做滴水槽。

腰线抹灰方法基本同檐口。抹灰前进行基层清扫，洒水湿润，基底不平的，用1:2水泥砂浆分层修补，凹凸处进行剔平。腰线抹灰先用1:3水泥砂浆打底，1:2.5水泥砂浆罩面，施工时应拉通线。成活要求表面平整、棱角清晰、挺括。涂抹时先在正立面打灰反粘八字尺把下底抹成，而后上推靠尺把上顶面抹好，将上、下两个面正贴八字尺，用钢筋卡卡牢，拉线再进行调整。调直后将正立面抹完，经修理压光，拆掉靠尺，修理棱角，通压一遍交活。腰线上小面做成里高外低泛水坡。下小面在底子灰上粘米厘条做成滴水槽。多道砖檐的腰线，要从上向下逐道进行，一般抹每道檐时，都在正立面打灰粘尺，把小面做好后，小面上面贴八字尺把腰线正立面抹完。整修棱角、面层压光均同单层腰线抹灰的方法。

4.4.7 明沟及勒脚抹灰

1. 明沟抹灰操作方法

清理明沟基体，检查明沟排水方向、坡度，确定明沟泛水后，沥水湿润。在明沟两侧平面抹上水泥砂浆再压上靠尺，确定明沟面的宽度，然后抹上砂浆，用刮尺将底面刮成圆弧状。

待抹面水泥收水，用特制圆弧铁抹子将表面卷平压光。翻转靠尺紧贴圆弧两边，引直两平面，刮平并压光两侧平面。

待抹灰表面收水略干硬些，稍洒水卷压底面，压光两侧平面倒圆角，成活。

2. 勒脚抹灰操作方法

勒脚要在明沟完成后或与明沟同时作业。勒脚抹灰方法与墙裙抹灰相同。无特殊设计要求时，勒脚凸出墙面的厚度为7~10mm，其上口必须压实压平，必要时压成坡状，里高外底坡向室外。

4.4.8 压顶及滴水线抹灰

1. 压顶抹灰

压顶是指墙顶端起遮盖墙体、防止雨水沿墙流淌的挑出部分。压顶抹灰一般采用1:3水泥砂浆打底，1:(2~2.5)水泥砂浆抹面。

压顶抹灰的操作方法：拉通线找出顶立面和顶面的抹灰厚度，做出灰饼标志。抹灰时需二人配合，里外相对操作。洒水后上靠尺抹底灰，底灰要将基体全部覆盖。厚、薄、挑口进出要基本一致。待砂浆收水后划线，隔夜后抹面层。在底面弹线窝嵌滴水槽分格条，按拉线面。稍待片刻，表面收水后，用靠尺紧托底面边口，用钢皮抹子压光立面和下口。用捋角器将上口捋成圆角，撬出底面分格条，整理表面，成活。

压顶要做成泛水，一般女儿墙压顶泛水朝里，以免压顶积灰，遇雨水沿女儿墙向外流淌，污染墙面。压顶泛水坡度宜在10%以上，坡向里面，如图4-15所示。

如不采用嵌条滴水槽方法，压顶底面抹面层应

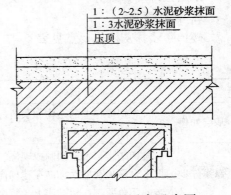

图4-15 压顶泛水示意图

做鹰嘴滴水线，即向里勾脚 5mm 以上。

2. 滴水线抹灰

在抹檐口、窗台、窗楣、阳台、雨篷、压顶和突出墙面的腰线以及装饰凸线时，应将其上面做成向外的流水坡度，严禁出现倒坡，下面做滴水线（槽）。窗台上面的抹灰层应深入窗框下坎裁口内，堵塞密实，流水坡度及滴水线（槽）距外表面不小于 4cm，滴水线深度和宽度一般不小于 10mm，并应保证流水坡度方向正确，做法如图 4 – 16 所示。

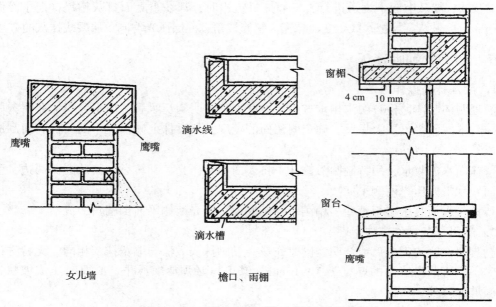

图 4 – 16　滴水线（槽）做法示意图

抹滴水线（槽）应先抹立面，后抹顶面，再抹底面。分格条在底面灰层抹好后即可拆除。采用"隔夜"拆条法时，需待抹灰砂浆达到适当强度后方可拆除。

4.4.9　楼梯踏步抹灰

1. 工艺顺序

基层处理→弹线分步→抹底子灰→抹罩面灰→抹防滑条→抹勾角→浇水养护

2. 操作要点

楼梯踏步抹灰操作要点见表 4 – 7。

表 4 – 7　楼梯踏步抹灰操作要点

步骤	内容及图示
基层处理	首先把楼梯上的杂物和灰渣等从上至下一步步清理干净，混凝土凹凸不平处剔凿抹平后清理干净，浇水湿润
弹线分步	楼梯踏步，不论预制或现浇，在结构施工阶段必然有尺寸误差，应放线纠正。方法是依据平台标高和楼面标高在楼梯侧面墙上和栏板上弹一道踏级分步标准线。抹面操作时，踏步的阳角要落在标准线上，每个踏级的高和宽的尺寸应一致，使踏级的阳角在标准线上的

续表 4-7

步骤	内容及图示
弹线分步	距离相等。不靠墙的独立楼梯无法弹线，要左右上下拉小线操作，保证踏步宽、高一致。结构施工阶段踏步尺寸较大的楼梯，要先进行斩凿和必要的技术处理 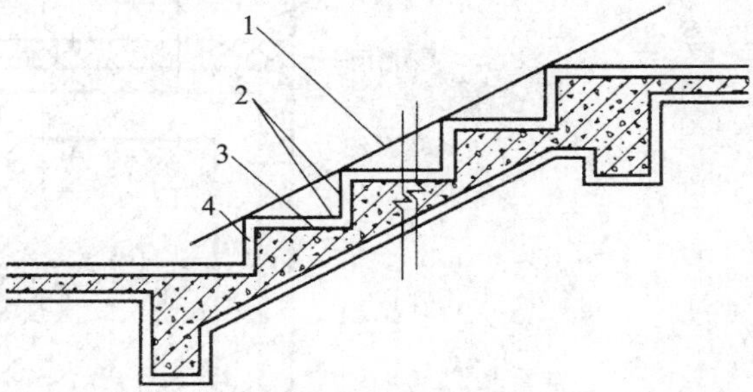 1—分步标准线；2—踏步高和宽线；3—踏步线；4—踢脚板
抹底子灰	浇水润湿基层表面后，刷素水泥浆或洒一道水泥浆，接着抹1:3水泥浆底灰，厚度为10~15mm抹灰时，先抹立面再抹平面，一级级由上往下抹。抹立面时，靠尺板应压在踏步板上，按尺寸留出灰头，与踏步板的尺寸一致。依着八字靠尺上灰，再用木抹子搓平 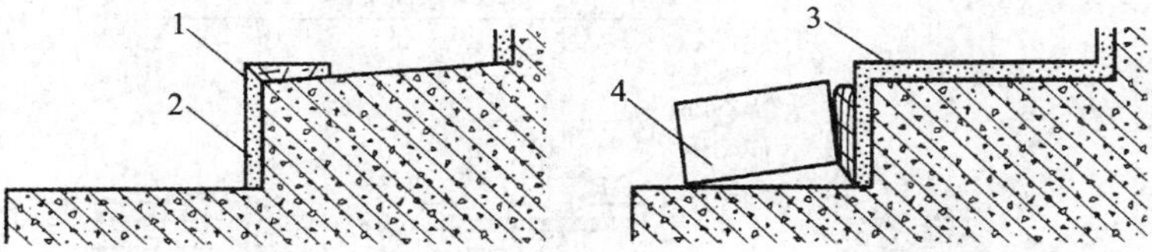 （a）　　　　（b） 踏步抹灰 1—八字靠尺；2—立面抹灰；3—平面抹灰；4—临时固定靠尺用砖 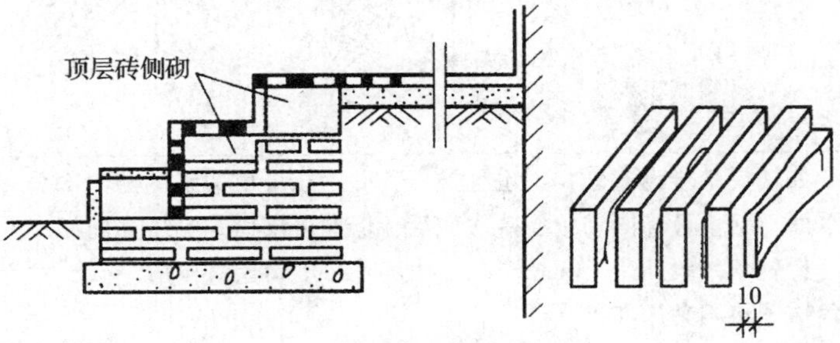 顶层砖侧砌 砖踏步抹灰示意图
抹罩面灰	罩面时用1:2水泥砂浆，厚度为8~10mm，压好八字尺，根据砂浆收水的干燥程度，可以连做几个台级，再返上去借助八字靠尺用木抹子搓平，钢片抹子压光，阴阳角处用阴阳角抹子捋光
抹防滑条	踏步设有防滑条时，抹面过程中应距踏步口40~50mm处，用素水泥浆粘上宽20mm、厚7mm似梯形的分格条。分格条必须事先泡水浸透，粘结肘小口朝下以便于起条。抹面时使罩面灰与分格条平齐

续表 4－7

<table>
<tr><th>步骤</th><th>内容及图示</th></tr>
<tr><td>抹防滑条</td><td>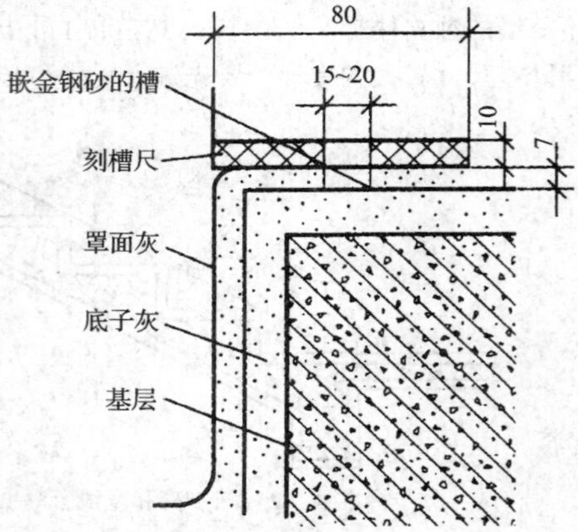

罩面灰压光后，就可起出分格条，也可以在抹完罩面灰后随即用一刻槽尺板，把防滑条位置的面层灰挖掉来代替贴分格条

（a）
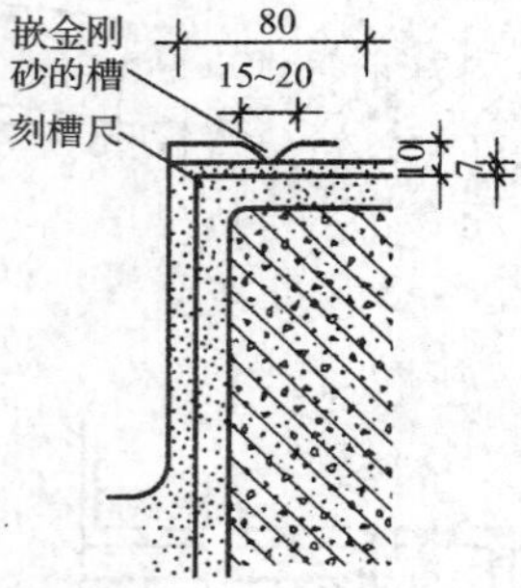

（b）
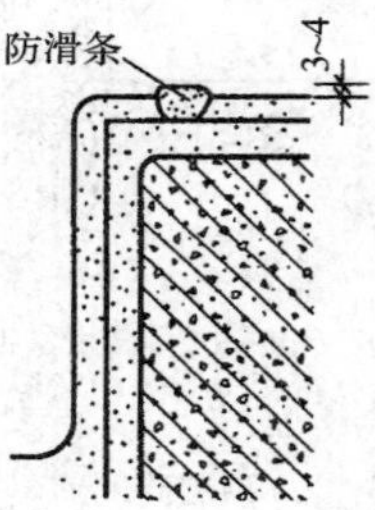

（c）</td></tr>
<tr><td>抹勾角</td><td>如楼梯踏步设有勾角，也称挑口，即踏步外侧边缘的凸出部分，抹灰时，先抹立面后抹平面，踏步板连同勾角要一次成活，但要分层做。贴于立面靠尺的厚度要正好是勾角的厚度，勾角一般凸出 15mm 左右。抹灰时每步勾角进出应一致，立面厚度也要一致，并用阳角抹子将阳角压实捋光
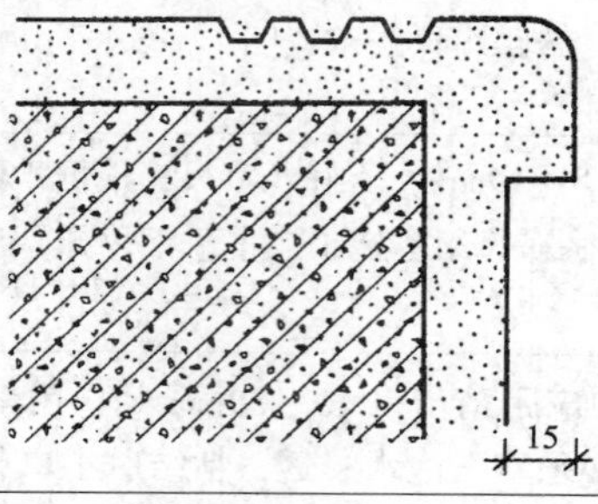

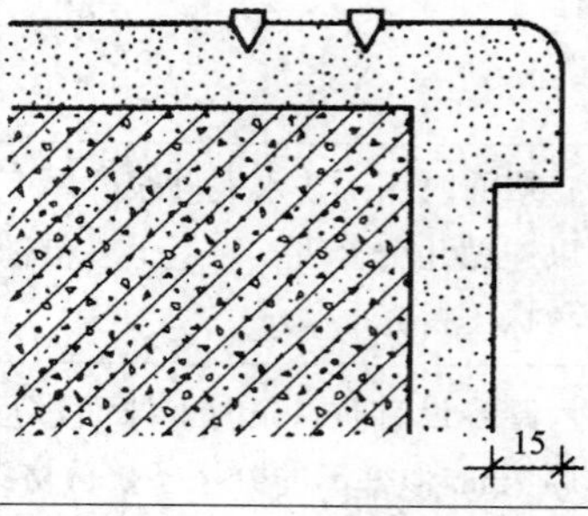
</td></tr>
<tr><td>浇水养护</td><td>活完 24h 后开始洒水养护，未达到强度严禁上人</td></tr>
</table>

4.5 灰线抹灰

灰线抹灰也称扯灰线、线脚、线条，是在一些标准较高的公共建筑和民用建筑的墙面，檐口，顶棚，梁底，方、圆柱上端，门窗口阴角，门头灯座，舞台口周围等部位，适当地设置一些装饰线，给人以舒适和美观的感觉。

灰线抹灰的式样很多，线条有繁有简，形状有大有小。各种灰线使用的材料也根据灰线所在部位的不同而有所区别，如室内常用石灰、石膏抹灰线，室外则常用水刷石或斩假石抹灰线。一般分为简单灰线抹灰和多线条灰线抹灰。

简单灰线：如出口线角，一般在方、圆柱的上端，即与平顶或与梁的交接处抹出灰线，以增加线条美观，如图 4-17（a）所示；又如在室内抹灰中，有的墙面与顶棚交接处，根据设计要求，抹出 1~2 条简单线条，如图 4-17（b）所示。

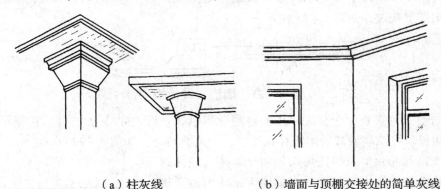

（a）柱灰线　　　　（b）墙面与顶棚交接处的简单灰线

图 4-17　简单灰线

多线条灰线一般是指有三条以上凹槽较深、形状不一的灰线。较复杂的灰线常见于高级装修房间的顶棚四周、灯光周围、舞台口等处。线条呈多种式样，如图 4-18 所示。

1. 工具

抹灰线须根据灰线尺寸制成的木模施工，木模分死模、活模和圆形灰线活模三种。

（1）死模。适用于顶棚四周灰线和较大的灰线，它是卡在上下两根固定的靠尺上推拉出线条来，如图 4-19 所示。

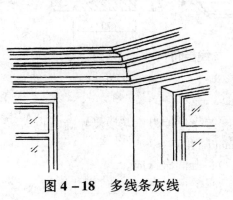

图 4-18　多线条灰线

钉子
包铁皮
包铁皮
模子把手
包铁皮
包铁皮

图 4-19　死模

（2）活模。适用于梁底及门窗角等灰线，它是靠在 1 根底靠尺（或上靠尺）上，用两手拿模捋出灰线条来，如图 4 – 20 所示。

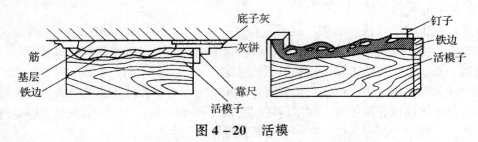

图 4 – 20　活模

（3）圆形灰线活模。适用于室内顶棚上的圆形灯头灰线和外墙面门窗洞顶部半圆形装饰等灰线。它的一端做成灰线形状的木模，另一端按圆形灰线半径长度钻一钉孔，操作时将有钉孔的一端用钉子固定在圆形灰线的中心点上，另一端木模即可在半径范围内移动，扯制出圆形灰线，如图 4 – 21 所示。

图 4 – 21　圆形灰线活模

（4）合页式喂灰板。合页式喂灰板是配合死模抹灰线时的上灰工具。它是根据灰线大致形状用铅丝将两块或数块木板穿孔连接，能折叠转动，如图 4 – 22 所示。

（5）灰线接角尺。灰线接角尺是用于木模无法抹到的灰线阴角接头（合拢）的工具，如图 4 – 23 所示。接角尺用硬木制成，有斜度的一边为刮灰的工作面，它的大小长短以镶接合拢长度确定，两端成斜角 45°。其优点是既便于操作时能伸至合角的尽端，又不致碰坏另一边已镶接好的灰线。

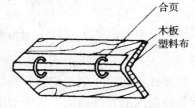

图 4 – 22　合页式喂灰板

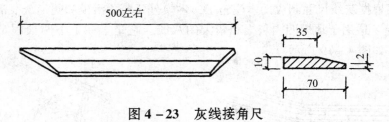

图 4 – 23　灰线接角尺

2. 分层做法

（1）粘结层，1∶1∶1 水泥石灰砂浆薄薄抹一层。

（2）垫灰层，1∶1∶4 水泥石灰砂浆略掺麻刀（厚度根据灰线尺寸确定）。

（3）出线灰，1∶2 石灰砂浆（砂子过 3mm 筛孔）。

（4）2mm 厚纸筋灰罩面（纸筋灰过窗纱），分两次抹成。

3. 简单灰线抹灰

（1）方柱、圆柱出口线角。方柱、圆柱出口线角应在柱子基层清理完毕，弹线找规矩，底层及中层抹灰完成后进行。一般不用模型，使用水泥混合砂浆或在石灰砂浆里掺石膏抹出线角。

方柱抹出口线角的方法是：首先按设计要求的线条形状、厚度和尺寸的大小，在柱边角处和线角出口处卡上竖向靠尺板和水平靠尺板。一般应先抹柱子的侧面出口线角，将靠尺板临时卡在前后面，做正面的出口线角时，把靠尺板卡在侧面。抹灰时应分层进行，要做到对称均匀，柱面平整光滑，四边角棱方正顺直，出口线角平直，棱角线条清晰，并与顶棚或梁的接头处理好，看不出接槎。

圆柱抹出口线角的方法是：应根据设计要求按圆柱出口线角的形状厚度和尺寸大小制作圆形样板，将样板套固在线角的位置上，以样板为圆形标志，用钢皮抹子分层将灰浆抹到圆柱上。也可以用薄靠尺板弯成圆弧形状进行抹灰。当大致抹圆之后，再用圆弧抹子抹圆，出口线角柱面要做到形圆、线角清晰、颜色均匀，并与平顶或梁接头处理好，看不出接槎。

（2）门窗口、梁底阳角简单灰线。在室内抹灰时，常在门窗口阳角或架底阳角抹出一条直线条，一般为凸圆线条，如图 4-24 所示。

4. 顶棚灰线抹灰

（1）施工准备。

1）材料：普通硅酸盐水泥，强度等级不低于32.5，复验凝结时间和安定性合格。砂子要求中砂需过筛，细砂过 3mm 筛子，含泥量不得大于3%。石灰膏、纸筋灰和春光灰（细纸筋灰）已过"陈伏"，不得受污染。

2）工具与机具：一般抹灰所需工具和机具，抹灰机、砂浆搅拌机及专用灰线模具。

图 4-24　门窗口阳角灰线操作

3）作业条件：上层结构和地面已做好防水。顶面管线已埋设完毕，底子灰已完毕，+50cm 线已测定。

（2）工艺顺序。

弹线、找规矩→粘贴靠尺→扯灰线→灰线接头。

（3）操作要点。

顶棚灰线抹灰操作要点见表 4-8。

表 4-8　顶棚灰线抹灰操作要点

步骤	内　容
弹线、找规矩	根据设计图样要求的尺寸和灰线木模的尺寸，从室内墙上 +50cm 的水平准线用钢皮尺或尺杆从 50cm 的水平准线向上量出弹线的尺寸，房间四角都要量出，然后用粉线包在四周的立墙面上弹一条水平准线，作为粘贴下靠尺的依据

续表 4 – 8

步骤	内　　容
粘贴靠尺	在立墙面上弹好水平线后，即用1:1的水泥纸筋混合灰粘贴或用石膏粘贴下靠尺，也可以用钉子把靠尺钉在砖缝里。下靠尺粘贴牢固后，将死模坐在下靠尺上，用线坠挂直线找正死模的垂直平正角度，然后靠模头外侧定出上靠尺的位置线。房间的四角都用这种方法定出上靠尺的位置线。按在四角定出的位置线用粉线包在顶棚弹出上靠尺的粘贴线，然后按线将上靠尺粘贴牢固 上、下靠尺在粘贴时要注意两点：一是上下靠尺要粘贴牢固，并要留出进出模的空余尺寸，即靠尺的两端不能粘贴到头。二是上下靠尺的粘贴要将死模放进去，试着推拉一遍，要求死模推拉时以不长不松为好
扯灰线	灰线扯制要分层进行，以免砂浆一次涂抹过厚而造成起鼓开裂。操作时要待粘贴靠尺的灰浆干硬后，先抹粘结层，接着一层层地抹垫灰层，垫灰层厚度根据灰线尺寸决定。死模要随时推拉，超过灰线面的多余砂浆要及时刮掉，低凹的地方应添加砂浆，直至灰线表面砂浆饱满平直。成型时，要把模倒拉一次，以便抹第三道出线灰和第四道罩面灰时不卡模 垫灰层抹完后第二天，先用1:2石灰砂浆抹一遍出线灰，再用普通纸筋灰罩面。扯制罩面灰的方法与出线灰基本相同，但上灰使用喂灰板。扯制罩面灰时，一般都是两人配合操作，一人在前，将罩面灰放在喂灰板上，双手托起使灰浆贴紧灰线的出线灰上，并将喂灰板顶住死模模口进行喂灰，一人在后推死模，等基本推出棱角时，再用细纸筋石灰（春光灰）罩面推到使灰线棱角整齐光滑为止（二遍罩面厚度不应超出2mm）。然后将模取下，刷洗干净 如果扯石膏灰线，应待底层、中层及出线灰抹完后，在六七成干时，稍洒水湿润后罩面。用4:6的石灰石膏灰浆，而且要在7~10min内扯完，操作时，两人配合一致，动作轻快，罩面灰推抹扯到光滑整齐为止
灰线接头	灰线接头也称"合拢"。其操作难度较大，它要求与四周整个灰线镶接互相贯通，与已经扯制好的灰线棱角、尺寸大小、凹凸形状成为一个整体。为此，不但要求操作技术熟练，而且还须细心领会灰线每个细小组成部位的结构，掌握接角处的特点 接阴角：当房间顶棚四周灰线扯制完成后，拆除靠尺，切齐甩槎，然后进行每两对应的灰线之间的接头。先用抹子抹阴角处灰线的各层灰，当抹上出线灰及罩面灰后，用灰线接角尺，一边轻抹已成活的灰线作为规矩，一边刮接阴角部位的灰浆，使之成形。一边完成后再进行另一边。镶接时，两手要端平接角尺，手腕用力要均匀，用成活的灰线作为规矩，进行修整。灰线接头基本成形后再用小铁皮勾划成型，使接头不显接槎，最后用排笔蘸水清刷，使之挺直光滑 阴角部位接头的交线要求与墙阴角的交线在一个平面内 接阳角：在接阳角前，首先要找出垛和柱的阳角距离，来确定灰线的位置，统称为"过线"

续表 4 - 8

步骤	内　　容
灰线接头	"过线"的方法是用方尺套在已形成灰线的墙面上，用小线锤按在顶棚线的外口。吊在方尺水平线的上端，接着用铅笔划在方尺水平线上，就成为垛、柱靠顶棚上面所需要的尺寸。再将方尺按在垛、柱上，紧挨顶棚划一条线，然后用方尺一头与已形成灰线的上端放平，一头与短线对齐，再用铅笔划一长条直至成形灰线，一头至垛、柱最外处。在垛、柱的另一面，用同样的方法求出所需要的线（总称灰线上口线），过下口线是将两边的成形线下口用方尺套在垛、柱上，与成形灰线最下面划齐。在操作时首先将两边靠阳角处与垛、柱结合齐，并严格控制，不要越出上下的划线，再接阳角。抹时要与成形灰线相同，大小一致。抹完后应仔细检查阴阳角方正，并要成一直线

5. 圆形灰线与多线条灰线抹灰

（1）圆形灰线抹灰。一般常见圆形灰线多用于顶棚灯头圆形灰线，使用活模扯制。其操作准备应根据顶棚抹灰层水平，将顶棚底层及中层灰抹好，留出灯位灰线部分。灯位灰线外圈的顶棚中层灰要压光找平一致。找出灯位中心，钉上十字木板撑，并找准中心点。依中心点，最好先划出灯位线的外圆铅笔线，作为活模运行的控制标准线。然后将活模钉在中心点上，使其能灵活转动，先空转一圈，看是否与已划好的控制线吻合。

圆形灰线抹灰操作分层做法与上述基本相同。但如是板条、板条钢板网顶棚，则底层及中层抹灰应使用纸筋石灰或麻刀石灰砂浆。与顶棚抹灰一样，应将底层灰压入板缝形成角，使其牢固结合，再使用活模绕中心来将灰线抹成形。

在外墙面装饰灰线中也常碰到门、窗洞顶部半圆形灰线，这类半圆形灰线的扯制方法与顶棚灯头圆形灰线的扯制方法基本相同，在半圆的半径上固定一根横摆，找好中心点用圆形灰线活模扯制。

（2）多线条灰线抹灰。多线条灰线根据其部位不同，分别使用死模和活模进行扯制。其施工准备、操作要点等与前述相同。但较复杂的灰线抹灰一般应在墙面、柱面的中层砂浆抹完后，顶棚抹灰没抹之前进行。

多线条灰线具体操作时，墙面与顶棚交接处灰线也是采用死模操作，其推拉轨道可采用双靠尺死模法。也可采取单靠尺死模法。

梁底、门窗阳角等部位一般采用活模操作。

多线条灰线抹灰常使用纯石膏掺水胶做罩面灰，其操作方法与纸筋石灰罩面扯制方法相同，但要掌握下列操作要点：

1）因石膏凝结很快，操作前应认真做好施工准备。石膏要随拌随用，最好由专人负责，用两个小灰桶轮换拌和使用。

2）灰线扯制动作要快，慢了石膏硬化而无法进行，整条灰线一次扯制完，不要留痕迹。阴角、转角等部位的罩面层的镶接仍用接角尺完成。

3）灰线成形后，立即拆除靠尺。

6. 室外装饰灰线抹灰

室外装饰灰线一般布置在柱顶、柱面、檐口、窗洞口或墙身立面变化处。灰线线角的变化除能增加建筑物外立面的美观、丰富立面的层次外，还能通过灰线的分隔处理，使建筑物各部比例更为协调匀称。

室外装饰灰线的抹灰施工方法与室外其他部位相同材料的施工方法基本相同。当装饰灰线有时凸出墙面或柱面很多时，其基体一般需在砌筑墙身时用砖逐皮扯出，砌筑成所需的轮廓，或由结构主体浇注时，一起浇注出细石混凝土基本线条轮廓，再进行装饰灰线抹灰。

当采用粗骨料如水刷石、干粘石、斩假石等做室外装饰灰线时，为了操作灵活方便，应采用活模。对于室外较宽大的挑檐与墙面交接处的装饰灰线，可用死模扯制。大型灰线角可用相同木模从上面分段扯制，后再进行分段衔接。

（1）扯抹水刷石圆柱帽。

1）施工准备。

①材料：采用普通硅酸盐水泥，强度等级不小于32.5，复核合格。中砂，其含泥量不大于3%，石粒为2mm的米粒石，品种由设计选定。要求一次进料，冲洗干净晾干装袋备用。

②工具与机具：装饰抹灰常用工具外，还需用扯灰线用活模及柱帽套板、柱身套板。活模为木制扯制、面包镀锌铁皮，如图4-25所示。

上套板为木制的相当于死模的上靠尺，为活模上口做线角的轨道，是一外圆与圆柱设计尺寸相同的圆形木板，如图4-26（a）所示，如柱顶为顶棚时，则套板可做成内圆套板，其作用相同。下套板如图4-26（b）所示，其作用是确定活模在柱身的下轨道是否正确。

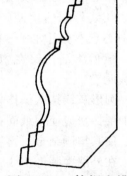

图4-25 柱帽木模

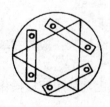（a）外圆套板（上套板） 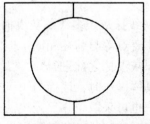（b）内圆套板（下套板）

图4-26 套板

③作业条件：柱身结构复验合格，柱身底层灰已抹好，标高、尺寸符合要求。

2）工艺顺序。

柱身顶部复核→固定上套板→柱帽基层复核→扯制毛坯灰线→扯制水刷石面层→喷刷→养护。

3）操作要点。

扯抹水刷石圆柱帽操作要点见表4-9。

表4-9 扯抹水刷石圆柱帽操作要点

步 骤	内 容
柱身顶部复核	先用下套板复核柱身顶部的尺寸,并进行修整,该处即为柱帽活模的下轨道
固定上套板	根据柱顶中心位置尺寸及柱帽放样宽度将上套板放平固定
柱帽基层复核	将垫层活模上部靠在套板上,下部靠在柱身顶部,对基层逐段校核,必须以套模与基层面保持20mm左右的间隙作为抹灰层厚度。基层偏差过大需修凿整理,对孔洞进行填补
扯制毛坯灰线	用1:2.5水泥砂浆分层抹在柱帽基层上,并随时用垫层活模上靠套板、下靠柱身来回扯制,直至柱帽垫层毛坯成型并扯毛。扯制时,用力要均匀,并注意保持模身垂直
扯制水刷石面层	毛坯水泥砂浆终凝后即可抹水刷石石粒浆面层。抹前先浇水湿润,然后刷一层薄薄的水泥素浆,并立即用铁抹子将石粒浆抹压上去。抹完后面层木模上靠套板,下靠柱身且保持垂直,逐段检查水泥石粒浆的盈亏,高于线角的刮去,低于线角的补上。待水泥石粒浆稍干后,即用面层木模轻击石粒浆面层,要求将石粒尖棱拍入浆内,并再次检查石粒浆线角的盈亏及圆度,随时修补拍平。然后将活模靠在上套板和柱身上轻轻地扯动,此时用力要均匀,扯到石粒浆挤出浆即可。当水泥石粒浆表面无水光感时,先用软刷刷去表面一层的水泥浆,然后用面层木模放在石粒浆面层上,并轻击木模背部,使其击出浆水来,再稍提起木模一边轻轻扯动,将石粒浆线角面层拍密、压实
喷刷	待石粒浆面层开始初凝,即用手指轻轻按捺软而无指痕时,即可开始刷石粒。刷时应先刷凹线,后刷凸线,使线角露石均匀。先用刷子蘸水刷掉面层水泥浆,然后用毛刷子刷掉表面浆水后即用喷壶或喷雾器冲洗一遍,并按顺序进行冲洗使石粒露出1/3后,最后用清水将线角表面冲洗干净
养护	石粒浆面层冲刷干净24h之后洒水进行养护,一般要求养护期不少于7d

（2）扯制水刷石抽筋圆柱面。抽筋圆柱是在柱面上嵌有凹槽的圆柱,如图4-27所示。

室外抽筋圆柱面层一般采用水刷石做法。

1）施工准备。

①材料的要求与做水刷石圆柱帽相同。

②工具与机具与做水刷石圆柱帽基本相同,但需要按设计要求尺寸做垫层套板和面层套板各一块。另外还要做一块缺口板和一些分格条。要求分格条用收缩性小的木材制成,其截面为梯形,外面为圆弧形,并与套板的圆弧相符,尺寸应根据设计要求而定。

③作业条件要求与上节水刷石圆柱帽相同。

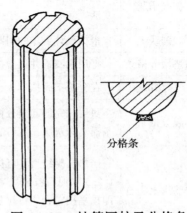

图4-27 抽筋圆柱及分格条

2）工艺顺序。

找规矩→贴灰饼→基层处理→冲筋→抹底子灰→弹线→粘垫层分格条→抹垫层→起分格条→抹筋内水刷石→抹面层石粒浆→起分格条→喷洗→养护。

3）操作要点。

扯制水刷石抽筋圆柱面操作要点见表4－10。

表4－10　扯制水刷石抽筋圆柱面操作要点

步骤	内容及图示
找规矩	将柱子用托线板或缺口板进行挂线，检查其垂直度和平整度，并找出柱子的中心位置。先在楼、地面上弹线定位，然后在柱子的四个方向的立面弹出柱中心位置线
贴灰饼	在上柱面的四个方向各做一个灰饼，其大小为30mm，厚度为10mm，再利用套板做其他三个方向的灰饼。最后用缺口板线锤检查每组上下两个灰饼垂直度，并以1.5～2m间距作柱中间的灰饼
基层处理	对柱子各面进行剔凿补平，用套板查圆弧，用托线板检查垂直度，修整到位为止
冲筋	在同一水平高度的灰饼间抹水平冲筋，然后用中层套板进行刮平 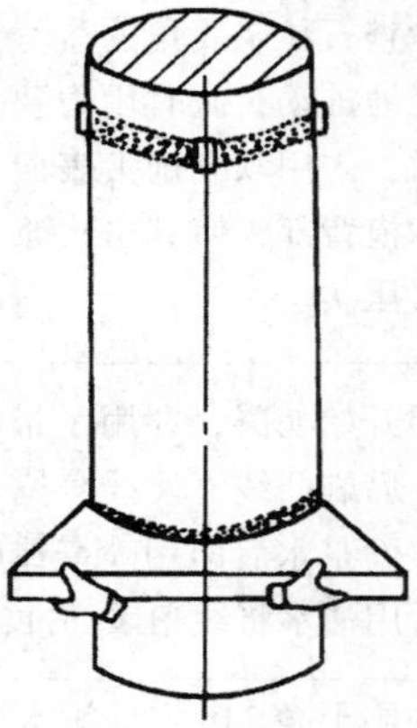
抹底子灰	先在柱面上薄薄抹一层水泥素浆，后用1:3水泥砂浆抹底子灰，要求薄而匀，麻面交活
弹线	根据设计要求的间距，在柱面底层上弹出分格线的位置，并用线锤吊直
粘垫层分格条	把用水浸透并沥干的分格条用水泥素浆粘贴在分格线上，要求粘贴平直，接缝严密
抹垫层	在分格条间抹1:2.5水泥砂浆，并用垫层套板刮平分格条面，并将表面划毛
起分格条	垫层抹完即起出分格条。起分格条时，应先用铁皮嵌入分格条面轻轻摇动，将分格条摇离抹灰层，然后起出，如有损坏应随即修补。此时，抽筋圆柱已初步形成
抹筋内水刷石	当垫层凝结后，可抹水泥石粒浆。并酌情洒水湿润，先薄刷一层水泥素浆，然后将1:2.5水泥石粒浆（半干硬性）用铁抹子抹在分格条的柱筋内，抹平两边柱面，并立即拍平拍实。如石粒浆太湿，可用干水泥吸湿后刮去，再拍平拍实。最后对筋内石粒面层进行刷洗，刷至石粒露出1/3即可

续表 4-10

步骤	内容及图示
抹面层石粒浆	首先在刚冲刷好的凹条筋内水刷石面层上用水泥素浆粘贴面层分格条,并用线锤挂直。粘贴分格条的水泥素浆要适量,分格条两边的余浆要刮去,以免去掉分格条后筋内两侧无石粒显露。面层分格条粘完后,即可抹 1:1.25 水泥石粒浆面层。先抹平分格条面,并要抹出圆弧面,并随时用面层套板检查,凹凸处补平、压实,使柱面的圆弧与套板相符为止,当表面已无水光即用抹子溜抹,压出浆水使面层压密,并清理好分格条
起分格条	面层压密、压实后,即可起分格条。用铁皮嵌入分格条内轻轻摇动,分离了两边石粒面层后起出。如面层有了裂缝,即用抹子压实,以免分格缝棱边掉角
喷洗	石粒浆面层开始凝结,手指按捺软而无痕,就可喷洗石粒浆面层。先用鸡腿刷先刷柱筋底面,将嵌分格条的余浆刷掉,使石粒显露后,再刷凹筋内两个侧面,石粒显露后,清水冲洗干净。最后喷洗柱面,先用刷子刷掉面层水泥浆,后用喷雾器喷洗,从上而下,缩短喷洗时间,减少流淌,防止坍塌,待石粒露出 1/3 即用清水从上至下冲洗一遍
养护	喷洗完待 24h 后洒水养护,一般要求养护时间不低于 7d

4.6 机械喷涂抹灰

机械喷涂抹灰就是把搅拌好的砂浆经振动筛后倾入灰浆输送泵,通过管道,再借助于空气压缩机的压力连续均匀地喷涂于墙面或顶棚上,经过找平搓实,完成底子灰全部程序,如图 4-28 所示。

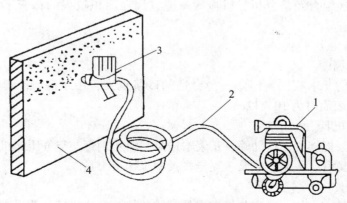

图 4-28 机械喷涂抹灰
1—空气压缩机;2—输气胶管;3—喷枪;4—墙体

1. 工作原理

机械喷涂抹灰所采用的灰浆泵不尽相同,但其工作原理基本一致。砂浆从料斗进入,通过吸入阀流入缸体，在压力作用下活塞做功，将砂浆顶起吸入阀口，胶球堵住受料斗的进灰孔，缸体前方的排出阀被推开，砂浆马上流入稳压室，经缓冲后均匀地进入管道中，在活塞未进入工作时，由于砂浆反压力的作用，排出阀自动关闭，而吸入阀口由于活塞运动后缸体产生真空作用，球阀自动打开，砂浆流入缸体，依此，活塞往返运动，阀口一开一合，砂浆均匀不断地进入管道中，直接送到喷枪头，如图 4－29 所示。

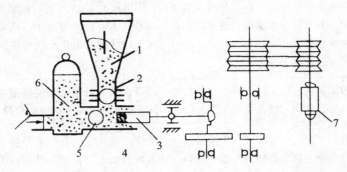

图 4－29 灰浆泵工作原理图
1—料斗；2—吸入阀口；3—活塞；
4—缸体；5—排出阀口；6—稳压室；7—电动机

由于灰浆泵垂直输送距离的限制，只能输送较稀的砂浆。由于砂浆含水量大，喷在墙上后干缩较大，容易干裂，并且机喷容易污染已完成的装修成品，所以，在机械喷涂前，应采用防护措施，分层喷涂。水泥砂浆容易离析沉淀，所以机械抹灰只能用于大面积的内外墙壁和顶棚石灰砂浆、混合砂浆和水泥砂浆。

机械喷灰这套设备，如将喷枪头及空气压缩机去掉，就变成一套完整的砂浆运输设备。

采用机械喷灰，往往把所运用的机具设备集中组装在一辆牵引车上，同时还要配备较多的人，所以，经综合经济分析，机械喷灰适宜用在面积较大的抹灰工程，最好是建筑群。

2．施工准备

（1）材料与稠度。

与一般抹灰的要求相同。但要选择合适的砂浆稠度，用于混凝土基层表面时为 9～10cm，用于砖墙表面时为 10～12cm。

（2）工具与机具。

手推车、砂浆搅拌机、振动筛、灰浆输送泵、输送钢管、空气压缩机、输浆胶管、空气输送胶管、分叉管、大泵、小泵、喷枪头及手工抹灰工具。

（3）作业条件。

主体结构已检查合格，已安装好室内外管线，组装车、机械、管道都已就位。

3．工艺顺序

基层处理→做标志块→冲筋→喷底灰→托大板→刮杠→搓抹子→清理→罩面灰喷涂。

4．操作要点

机械喷涂抹灰操作要点见表 4－11。

表 4 – 11　机械喷涂抹灰操作要点

步骤	内容及图示
基层处理、做标志块	与手工抹灰相同
冲筋	内墙冲筋可分两种形式，一种是冲横筋，在屋内净空 3m 以内的墙面上冲两道横筋，上下间距 2m 左右，下道筋可在踢脚板上皮；另一种为立筋，间距在 1.2～1.5m，作为刮杠的标准。每步架都要冲筋
喷底灰	喷灰姿势。持喷枪姿势如下图所示。喷枪操作者侧身而立，身体右侧近墙，右手在前握住喷枪上方，左手在后握住胶管，两脚叉开，左右往复喷灰，前挡喷完后，往后退喷第二挡。喷枪口与墙面的距离一般控制在 10～30cm 范围内 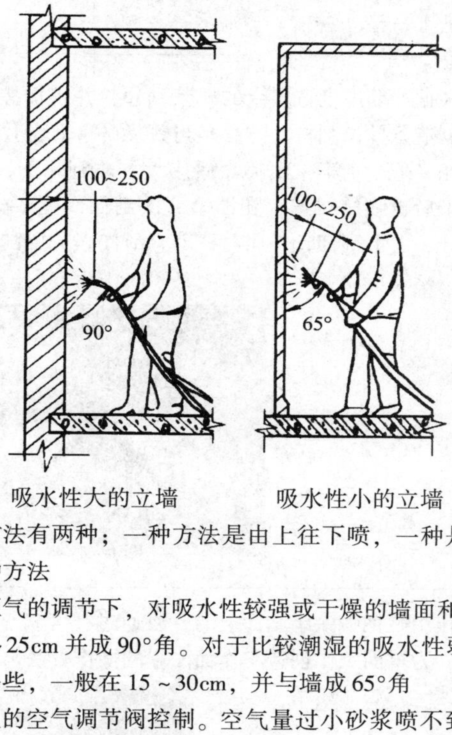 吸水性大的立墙　　　　吸水性小的立墙 喷灰方法。喷灰的方法有两种；一种方法是由上往下喷，一种是由下往上喷。后者优点较多，最好采用这种方法 在喷枪嘴距离和空压气的调节下，对吸水性较强或干燥的墙面和灰层厚的墙面喷灰时，喷嘴和墙面保持在 10～25cm 并成 90°角。对于比较潮湿的吸水性弱的墙或者是灰层较薄的墙，喷枪嘴距墙远一些，一般在 15～30cm，并与墙成 65°角 压缩空气通过枪头上的空气调节阀控制。空气量过小砂浆喷不到墙上，空气量过大砂浆又从墙上飞溅过来。抹灰厚度厚，基层比较干，吸水性大，空气量要小些。抹灰厚度薄，基层吸水性小，比较潮湿，空气量要大些，这样可以喷得薄些、匀些 喷灰路线。内墙面喷灰路线可按由下往上和由上往下的 S 形巡回进行 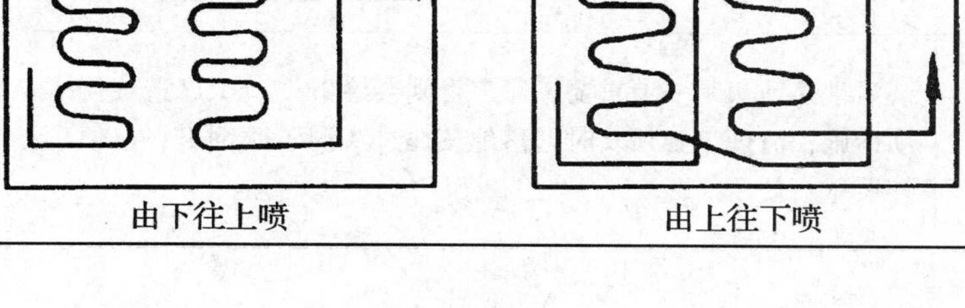 由下往上喷　　　　　　由上往下喷

续表 4 –11

步骤	内容及图示
喷底灰	由上往下喷时，表面平整，灰层均匀，容易掌握厚度，无鱼鳞状，但操作时如果不熟练往往容易掉灰。由下往上喷射时，在喷涂过程中，由于已喷在墙上的灰浆对连续喷涂在上部的灰浆能起截挡作用，因而减少了掉灰现象，在施工中最好采用这种方法
托大板	托大板的主要任务是将喷涂于墙面的砂浆取高补低，初步找平，给刮杠工序创造条件。方法是：在喷完一长块之后，先把下部横筋清理出来，把大板沿上部横筋斜向往上托一板，再把上面横筋清理出来，沿上部横筋斜向托一板，最后在中部往上平托板，使喷灰层的砂浆基本平整
刮杠	刮杠是根据冲筋厚度把多余的砂浆刮掉，并稍加搓揉压实，确保墙面平直，为下一道抹灰工序创造条件。刮杠的方法是当砂浆喷涂于墙上后，刮杠人员紧随在托大板的后边，随喷、随托、随刮。第一次喷涂后用大杠略刮一下，主要是把喷溅到筋上的砂浆刮掉。待砂浆稍干后再喷第二遍，随即第二次刮杠，找平揉实。刮杠时，长杠紧贴上下两筋，前棱稍张开，上下刮杠，并向前移动。刮杠人员要随时告诉喷枪手哪里要补喷，以保证工程质量 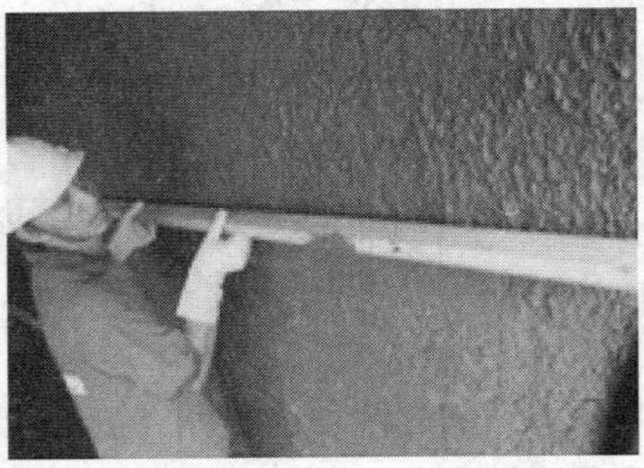
搓抹子	其主要作用是把喷涂于墙面上的砂浆通过托大板、刮杠等基本找平后，由它最后搓平以及修补，为罩面工作创造工作面。它的操作方法与手工抹灰操作方法基本相同 
清理	清理落地灰是一项重要工序，否则会给下一道工序造成困难，同时也是节约材料的一项措施，清理工必须及时把落地灰通过灰溜子倾倒下，以便再稍加石灰膏通过组装车搅拌后重新使用

续表 4 – 11

步骤	内容及图示
罩面灰喷涂	机械喷涂罩面灰应在底层灰达到七八成干，水泥墙裙、踢脚板及门窗护角等全部抹完，室内全部清理干净后进行 罩面灰配合比为石灰膏∶纸筋 = 100∶（2.4～2.9）（重量比）。纸筋石灰浆的稠度为 9～12cm。搅拌完的纸筋石灰浆应放在大灰槽内静置 16～24h，以防止压光后罩面层龟裂 喷涂前，应在底层灰上洒水湿润，但表面不应有水珠 操作时，一般一次喷 2mm 厚。喷墙面时，喷枪嘴距墙面 20～30cm。喷门窗口角时喷枪嘴距墙面 10～15cm。为避免喷在门窗框上，喷枪距墙要近，喷枪和门窗框面夹角要小，喷气量也要小，喷枪灰束中心线和墙面夹角以 60°～90°为宜，以使其散射面小一些。每喷完一段后，操软刮尺者要随即将喷在墙面上的罩面灰由下向上刮平，阴阳角和门窗口角的罩面灰可用铁抹子刮平，并用塑料抹子找平及压实，一般应压 3～4 遍，最后用压子压光。上部 1/3 墙面压光后，拆除架子，以便进行下部 2/3 墙面的罩面灰喷涂和抹压 喷涂人员必须与刮平压实压光人员密切配合，如刮平压实压光操作人员跟不上，喷涂人员应稍停等待，否则罩面灰硬化后无法操作

5 装饰抹灰施工

5.1 水刷石抹灰

水刷石是石粒类材料饰面的传统做法，如图 5-1 所示，其特点是采取适当的艺术处理，如分格分色、线条凹凸等，使饰面达到自然、明快和庄重的艺术效果。水刷石一般多用于建筑物墙面、檐口、腰线、窗楣、窗套、门套、柱子、阳台、雨篷、勒脚、花台等部位。

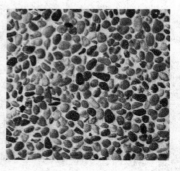

图 5-1 水刷石

1. 施工准备

（1）材料。

1）水泥：选用普通硅酸盐水泥、矿渣硅酸盐水泥以及白水泥，强度等级 32.5 以上。要求同批号、同厂家，并经过复验。

2）砂：质地坚硬的中砂，且含泥量不大于 3%。使用前经过 5mm 筛子。

3）石渣：洁净、坚实，按粒径、颜色分堆，粒径分为大八厘 8mm，中八厘 6mm，小八厘 4mm。如需颜料应选用耐光、耐碱的矿物颜料。

4）石灰膏：陈伏期不少于 30d，洁净，不含杂质与未熟化的颗粒。

（2）机具与工具。砂浆搅拌机、手压泵、灰桶、灰勺、小车、铁、木抹子、木杠、靠尺、方尺、毛刷、分格条等。

（3）作业条件。

1）结构工程已验收合格，预留孔、预埋件均已处理好，门窗框已安装，缝隙已填实。

2）满足水刷石施工的外架子已搭好，通过安全检查。

3）大面积施工已做好样板，并有专人统一配料。

2. 工艺顺序

基层处理→找规矩、抹灰饼→抹底层砂浆→粘分格条→抹石渣浆→修整、压实→冲洗、喷刷→起分格条。

3. 操作要点

水刷石抹灰操作要点见表 5-1。

表 5-1 水刷石抹灰操作要点

步骤	内　　容
基层处理	基体为砖墙，则须在抹灰前将尘土、污垢及油渍清扫干净、堵好脚手眼、浇水湿润即可。若基体为混凝土墙板，必须将其表面凿毛，板面酥皮剔净，用钢丝刷将粉尘刷掉，清水冲洗，并要用火碱水将混凝土板表面油污刷净，冲洗晾干，或采用"毛化"处理方法

续表 5 – 1

步骤	内　容
找规矩、抹灰饼	多层建筑物可用特制的大线坠从顶层往下吊垂直并绷紧铁丝后，按铁丝垂直度在墙的大角、门窗洞口两侧分层抹灰饼，至少保证每步架有一个灰饼。若为高层，则需用经纬仪在大角、门窗洞口两侧打垂直线，并按线分层，每步架找矩矩抹灰饼，使横竖方向达到平整、垂直
抹底层砂浆	在墙体充分湿润的条件下首先抹灰饼冲筋，随即紧跟分层分遍抹底层砂浆，配比采用 1:0.5:4 水泥混合砂浆打底，刮平后，用木抹子压实、找平、搓毛表面。底层灰完成后第二天，视底灰的干燥程度洒水湿润，开始抹中层灰，配合比同底层。要刮平、压实、搓粗表面
粘分格条	待中层灰养护至六七成干时，即可按设计要求弹线分格、粘分格条。若设计无要求，分格线的短边以不大于 1.5m 为宜，或以窗的上下口线分格，太长则影响操作。分格缝的宽度一般不少于 20mm，做法与一般抹灰相同
抹石渣浆	先刮一道内掺 10% 的胶粘剂水泥浆（或水灰比为 0.4 的素水泥浆）作为结合层，随即抹面层水泥石渣浆。抹时在每一分格内从下边抹起，边抹边拍打，边揉平。操作时要避免用铁抹子前半部压浆，而应用铁抹子中间部分平压。这样接槎平整，石渣浆压实均匀且效率高。抹完一块后用直尺检查，不平处及时补好，并把露出的石渣尖棱轻轻拍平。同一平面的面层要求一次完成，不宜留设施工缝。必须留施工缝时，应留在分格条的位置上。施工过程中，一定要随时把握面层的吸水速度，使面层抹灰控制在最佳状态 阴角抹石渣浆一定要吊线，将用水浸湿的刨光木板条临时固定在一侧，做完以后用靠尺靠在已抹好石渣浆的一侧，再做未抹好的一侧，接头处石渣要交错，避免出现黑边。阴角可用短靠尺顺阴角轻轻拍打，使之顺直。在阴、阳角转角处应多压几遍，并用刷子蘸水刷一遍，在阳角处应向外刷，然后再压，再刷一遍，如此反复不少于 3 次。最后用抹子拍平，达到石渣大面朝外，排列紧密均匀
修整、压实	将已抹好的石渣面层修整拍平、压实。逐步将石粒间隙内水泥浆挤出，用水刷子蘸水将水泥浆刷去，重新修整、压实，直至反复进行 3~4 遍，待面层初凝，以指捺无痕，用水刷子刷不掉石粒为度
冲洗、喷刷	当面层灰浆达到一定强度，对石子有较好的握裹力后，即开始冲洗、喷刷。先用刷子蘸水将石渣刷至露出灰浆 1/3 粒径，再用喷雾器喷刷。先将墙四周相邻部位喷湿，然后从上往下顺序喷水。喷刷要均匀，喷头离墙 10~20cm，将表面和石粒间的水泥浆冲出，最终使石渣露出 1/2 粒径为止，达到清晰可见、均匀密布。冲阳角时应骑角喷刷，以保证棱角明晰整齐。最后用小水壶从上往下冲洗干净。如果面层错过喷刷最佳时机已开始硬结，可用 3%~5% 稀盐酸溶液冲刷，然后用清水冲净
起分格条	在面层冲洗、喷刷完毕后，即可用抹子柄敲击分格条，并用小鸭嘴抹子扎入分格条上下活动，将其轻轻起出。然后用小溜子找平，用刷子刷光理直缝角，并用素灰将缝格修补平直，颜色一致

4. 白水泥水刷石

在高级装修工程中，往往采用白水泥白石渣或其他色彩石渣的水刷石，以求得更加洁白雅致的饰面效果。白水泥中一般不得掺石灰膏，但有时为改善操作条件，可以掺石膏，但掺量应不超过水泥用量的20%，否则将影响白水泥石渣浆的强度。

白水泥水刷石的操作方法与普通水泥水刷石相同，但要保证施工工具洁净，防止污染。冲刷石渣时，水流要慢些，要防止掉石渣，最后用稀草酸溶液冲洗一遍，再用清水冲净。

5.2 干粘石抹灰

干粘石面层粉刷也称干撒石或干喷石，它是在水泥纸筋灰或纯水泥浆或水泥白灰砂浆粘结层的表面用人工或机械喷枪均匀地撒喷一层石子，用钢板拍平板实，如图5-2所示。此种面层适用于建筑物外部装饰，这种做法与水刷石比较，既节约水泥、石粒等原材料，减少湿作业，又能明显提高工效。

图5-2 干粘石

1. 施工准备

（1）材料。基本与水刷石相同的材料准备。

（2）机具与工具。除常用机具外还有0.6~0.8MPa的空压机、干粘石喷枪（喷石机）、木制托盘、塑料滚子、小木拍、接石筛及抹灰手工工具等。

（3）作业条件。与水刷石要求相同。

2. 工艺顺序

基层处理→抹底、中层砂浆→粘分格条→抹石粒粘结层→甩石粒→拍压→养护。

3. 操作要点

干粘石抹灰操作要点见表5-2。

表5-2 干粘石抹灰操作要点

步骤	内容及图示
基层处理	对基层为砖墙或混凝土板墙的处理方法与上节水刷石基层处理方法相同
抹底、中层砂浆	基层处理合格后如同水刷石一样要求吊线找垂直，找规矩、抹灰饼、冲筋后就可以抹底层砂浆。在抹底灰前，先刷一道掺10%水重的粘结剂的素水泥浆。可以两人配合操作，一人抹素水泥浆，另一人在后抹底层砂浆。一般使用1:3水泥砂浆，常温时也可掺石灰膏，采用水泥:石灰膏:砂=1:0.5:4的混合砂浆。底层灰抹完后第二天凝结后，再洒水湿润抹中层灰，可采用与底层灰同样配比。中层灰抹至与冲筋平，再用木杠横竖刮平，木抹子搓毛，终凝后浇水养护

续表 5 -2

步骤	内容及图示
粘分格条	干粘石粘分格条的目的是为了保证施工质量，以及分段、分块操作的方便。如无设计要求，分格条短边以不大于 1.5m 为宜，宽度视建筑物高度及体型而定，一般木制分格条不小于 20mm 为宜。也可采用玻璃条，其优点是分格呈线型，无毛边且不起条，一次成活。嵌固玻璃条的操作方法与粘贴木条一样。分格线弹好后，将 3mm 厚的玻璃条宽度按面层厚度（木条也不应超过面层厚度）用水泥浆粘于底灰上，然后抹出 60°或近似弧形边，把玻璃条嵌牢，并用排笔抹掉上面的灰浆，以免污染
抹石粒粘结层	干粘石的石粒粘结层现在多采用聚合物水泥砂浆，配合比为水泥：石灰膏：砂：胶粘剂 =1:1:2:0.2，其厚度根据石粒的粒径选择。小八厘石粒抹粘结层厚度为 4 ~ 5mm，如采用中八厘则为 5 ~ 6mm。一般抹石粒粘结层应低于分格条 1 ~ 2mm。粘结层要抹平，按分格大小一次抹一块，避免在分块内甩槎
甩石粒	粘结层抹好后，稍停即可往粘结层上甩石粒。此时粘结层砂浆的湿度很重要，过干，石渣粘不上，过湿，砂浆会流淌。一般以手按上去有窝，但没水迹为好。甩石渣时，一手拿木拍，一手拿料盘。木拍和料盘的形式见下图 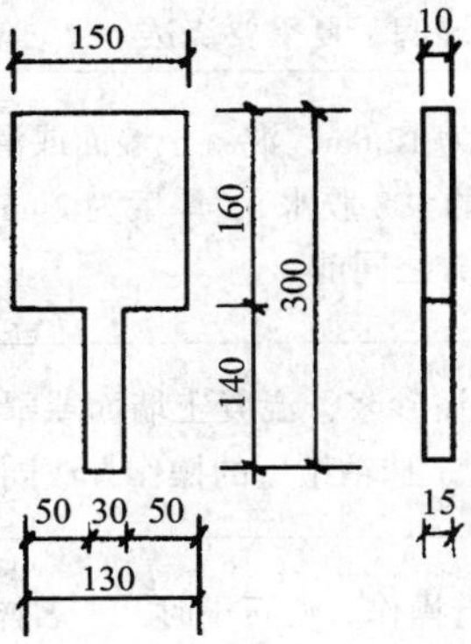 木拍 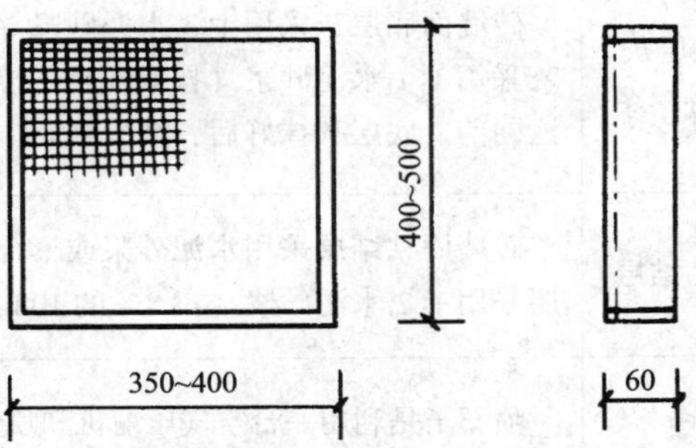　　　　　　　　　盛料盘 　　甩石渣时，用木拍铲料盘中的石渣反手甩到墙。甩时动作要快，注意甩撒均匀，用力轻重适宜。边角处应先甩，使石渣均匀地嵌入粘结层砂浆中。如发现石渣甩得不均匀或过稀，可用抹子直接补粘，否则会出现死坑或裂缝。下边部分因水分大，宜最后甩
拍压	当粘结层上均匀地粘上一层石渣后，开始拍压。即用抹子或橡胶（塑料）滚子轻压赶平，使石渣嵌牢，使石渣嵌入砂浆粘结层内深度不小于 1/2 粒径，并同时将突出部分及下坠部分轻轻赶平，使表面平整坚实，石渣大面朝外。拍压时要注意用力适当，用力过大会把灰浆拍出来，造成翻浆糊面，影响美观；用力过小，石渣与砂浆粘结不牢，容易掉粒，并且不要反复拍打、滚压，以防泛水出浆或形成阴印。整个操作时间不应超过 45min，即初凝前完成全部操作。要求表面平整，色泽均匀，线条清晰

续表 5 - 2

步骤	内容及图示
拍压	对于阴角处的干粘石，操作应从角的两侧同时进行，否则当一侧的石渣粘上去后，在边角口的砂浆收水，另一侧的石渣就不易粘上去，形成黑边。阴角处做法与大面积施工方法相同，但要保证粘结层砂浆刮直、刮平，石渣甩上去要压平，以免两面相对时出现阴角不直或相互污染的现象
养护	干粘石成活后不能马上淋水，应在24h后洒水养护2～3d。未达强度标准时，要防止碰撞、触动，以免石粒脱落。干粘石墙面拍压平整、石粒饱满时，即可取出分格条，方法同上节水刷石墙面

注意事项：由于甩石渣操作未粘上墙的石渣飞溅会造成浪费，可以采取在操作面下钉木接料盘或用钢筋弯框缝制粗布做成盛料盘紧跟墙边，接住掉粒，回收后洗净晾干后再用。

4. 机喷干粘石

机喷干粘石抹灰操作要点见表 5 - 3。

表 5 - 3　机喷干粘石抹灰操作要点

步骤	内容
基层处理	清扫干净基层表面，混凝土墙面应浇水湿润，夏季要浇透
抹底层灰、粘分格条	砖墙面底层灰采用1:3水泥砂浆，厚度为12mm；混凝土墙面或滑模、大模板墙面底层灰采用1:1水泥砂浆（按水泥重量掺8%的108胶水），厚度为2mm。抹底层灰的操作方法同前。底层灰抹好后，粘分格条，操作方法同前
抹粘结层	砖墙面粘结层采用水泥砂浆或聚合物水泥砂浆，混凝土墙面或滑模、大模板墙面粘结层采用1:2水泥砂浆（掺8%的108胶水）。抹粘结层的操作方法同前
喷石子	喷石子是利用一台空气压缩机和喷枪进行操作。喷石子时，一名操作者手握喷枪柄，喷头对准墙面，保持距墙面300～400mm。喷石子时的气压以0.6～0.8MPa为宜，应喷得均匀，不得漏喷。另一人随后用抹子将石子拍平拍实，石子嵌入粘结层砂浆的深度不得小于粒径的1/2。最后，待有一定强度时进行洒水养护 干粘石要表面平整，石子分布均匀、密实，无漏浆和漏粘石子及黑边现象

5.3　斩假石抹灰

斩假石又称剁斧石，是仿制天然石料的一种建筑饰面。用不同的骨料或掺入不同的颜料，可以制成仿花岗石、玄武石、青条石等斩假石，如图 5 - 3 所示。斩假石在我国有悠久的历史，其特点是通过细致的加工使表面石纹逼真、规整，形态丰富，给人一种类似天然岩石的美感效果。

1. 施工准备

（1）材料。

1）水泥：普通硅酸盐水泥或白水泥，强度等级不小于32.5。

2）砂：中砂、过筛，含泥量不得大于3%。

3）石粒：坚硬岩石（白云石、大理石）制成，粒径采用小八厘（4mm以下）。

4）颜料：采用耐光耐碱的矿物颜料，掺入量一般不大于水泥重量的5%。

（2）机具与工具。除一般的抹灰常用工具外还有斩假石专用工具：单刃斧、多刃斧、棱点锤、錾子、线条模板、钢丝刷、扁凿等。

（3）作业条件。

1）结构工程已验收合格。

2）做台阶时，要把门窗框立好并固定牢固。

3）墙面施工搭好脚手架，符合施工要求。

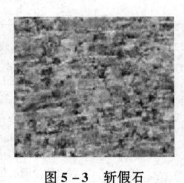

图 5 - 3　斩假石

2. 工艺顺序

基层处理→找规矩、抹灰饼→抹底层砂浆→抹面层石粒浆→剁石。

3. 操作要点

斩假石抹灰操作要点见表 5 - 4。

表 5 - 4　斩假石抹灰操作要点

步骤	内　容
基层处理	砖墙除要清理干净外，还要把脚手眼堵好，并浇水湿润。对混凝土墙板可进行"凿毛"和"毛化"两种处理方法
找规矩、抹灰饼	把墙面、柱面、四周大角及门窗口角用线坠吊垂直线，然后确定灰饼的厚度，贴灰饼找直及平整度。横线以楼层为水平基线或用 ±0.000 标高线交圈控制抹灰饼，并以灰饼为基准点冲筋、套方、找规矩，做到横平竖直、上下交圈
抹底层砂浆	在抹底层砂浆前，先将基层浇湿润，然后刷一道掺水重10%胶结剂的素水泥浆。最好两人配合操作，前面一人刷素水泥浆，另一人紧跟着用1:3水泥砂浆按冲筋分层分遍抹底层灰。要求第一遍厚度为5mm，抹好后用扫帚扫毛，待前一遍抹灰层凝结后，抹第二遍灰，厚度6~8mm，这样就完成底层和中层抹灰，用刮杠刮平整、木抹子搓实、压平后再扫毛，墙面的阴阳角要垂直方正，待终凝后浇水养护
	台阶的底层灰也要根据踏步的宽和高垫好靠尺分遍抹水泥砂浆（1:3），要刮平、搓实、抹平，每步的宽度和高度要一致，台阶面层向外坡度为1%

续表 5 - 4

步骤	内　容
抹面层石粒浆	首先按设计要求在底子灰上进行分格、弹线、粘分格条，方法可参照抹水泥砂浆的方法 　　在分格条有了一定强度后就可以抹面层石粒浆。先满刮一遍（在分格条分区内）水灰比为0.4的素水泥浆，随即用1:1.25的水泥石粒浆抹面层，厚度为10mm（与分格条平齐）。然后用铁抹子横竖反复压几遍直至赶平压实，边角无空隙。随后用毛刷蘸水把表面的水泥浆刷掉，使露出的石粒均匀一致 　　面层石粒浆完成后24h开始浇水养护，常温下一般为5~7d，强度达到5MPa，即面层产生一定强度但不太大，以剁斧上去剁得动且石粒剁不掉为宜
剁石	斩剁前要按设计要求的留边宽度进行弹线，如无设计要求，每一方格的四边要留出20~30mm边条作为镜边，斩剁的纹路依设计而定。为保证剁纹垂直和平行，可在分格内划垂直线控制，或在台阶上划平行及垂直线，控制剁纹保持与边线平行 　　剁石时用力要一致，垂直于大面，顺着一个方向剁，以保证剁纹均匀。一般剁石的深度以石粒剁掉1/3比较适宜，使剁成的假石成品美观大方 　　斩剁的顺序是先上后下，由左到右进行。先剁转角和四周边缘，后剁中间墙面。转角和四周宜剁水平纹，中间墙面剁垂直纹。每剁一行应随时将上面和竖向分格条取出，并及时用水泥浆将分块内的缝隙和小孔修补平整 　　斩剁完成后，应用扫帚清扫干净

4. 拉假石

　　拉假石是斩假石的另一种做法。用1:2.5水泥砂浆打底，抹面层灰前先刷水泥浆一道。

　　面层抹灰使用1:2.5水泥白云石屑浆抹8~10mm厚，面层收水后用木抹子搓平，然后用压子压实、压光。水泥终凝后，用抓耙依着靠尺按同一方向抓，如图5-4所示。抓耙的齿为锯齿形，用5~6mm厚薄钢板制作，齿距的大小和深浅可按实际要求确定。这种方法操作简便，成活后表面呈条纹状，纹理清晰。

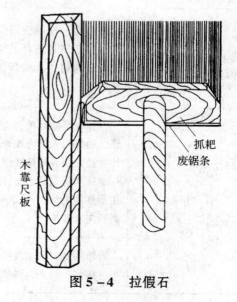

抓耙废锯条

木靠尺板

图5-4　拉假石

5.4 特种砂浆抹灰

5.4.1 防水砂浆抹灰

1. 施工准备

（1）材料。

1）水泥：普通硅酸盐水泥、矿渣硅酸盐水泥，强度等级要求大于32.5，有侵蚀介质作用部位应按设计要求选用。

2）砂：中砂、含泥量小于3%，使用前过3~5mm孔径的筛子，防水剂按水泥重量的1.5%~5%掺量。

（2）机具与工具。砂浆搅拌机与抹灰常用工具。

（3）作业条件。地下室防水要采取排水、降水措施。结构验收合格，管道穿墙按设计要求已做好防水处理，并办理隐检手续。

2. 工艺顺序

基层处理→刷防水素水泥浆→抹底层防水砂浆→刷第二道防水素水泥浆→抹面层防水砂浆→刷最后一道防水素水泥浆→养护。

3. 操作要点

防水砂浆抹灰操作要点见表5-5。

表5-5 防水砂浆抹灰操作要点

步　骤	内　容
基层处理	混凝土墙面凡蜂窝及松散处全部剔掉，水冲刷干净后用1:3水泥砂浆抹平，表面油渍等用10%的火碱水溶液刷洗，光滑表面应凿毛并用水湿润。混合砂浆砌筑砖墙要划缝，深度为10~12mm，预埋件周围剔成20~30mm宽、50~60mm深沟槽，用1:2水泥砂浆（干硬性）填实
刷防水素水泥浆	配合比水泥:防水油=1:0.03，加适量水拌和成粥状，或用水泥:防水剂:水=12.5:0.31:10的素水泥浆，拌匀后用毛刷刷在基层上
抹底层防水砂浆	用1:3的水泥砂浆，掺3%~5%的防水粉或用水泥:砂:防水剂=1:2.5:0.03的防水砂浆拌和均匀，用木抹子搓实、搓平，厚度控制在5mm以下，尽可能封闭毛细孔通道，最后用铁抹子压实、压平，养护1d
刷第二道防水素水泥浆	在上层防水砂浆表面硬化后，再用防水素水泥浆按上述方法再刷一遍，要求涂刷均匀，不得漏刷

续表 5-5

步　骤	内　容
抹面层防水砂浆	待第二道素水泥浆收水发白后，就可抹面层防水砂浆，配比同前底层防水砂浆，厚度为 5mm 左右，用木抹子搓平压实外，再用钢皮抹子压光
刷最后一道防水素水泥浆	待面层防水砂浆初凝后，就可以刷最后一道防水素水泥浆，并压实、压光，使其与面层防水砂浆紧密结合。其配合比为水泥：防水油 = 1:0.01，并加适量水当用防水粉时，其掺入量为水泥重量的 3% ~ 5%。防水素水泥浆要随拌随用，时间不得超过 45min
养护	养护时间应在抹水泥砂浆层终凝后，在表面呈灰白时进行。一开始要洒水养护，使水能被砂浆吸收。待砂浆达到一定强度后方可浇水养护，养护时间不少于 7d，如采用矿渣水泥，应不少于 14d。养护温度不低于 15℃

5.4.2　耐酸砂浆抹灰

耐酸砂浆是以水玻璃为胶结剂、氟硅酸钠为固化剂、耐酸粉为填充料、耐酸砂为骨料拌制而成。常用作有抗酸性物质侵蚀要求的工作间外表面抹灰。

1. 使用材料

（1）耐酸砂。一般采用石英砂、安山岩石屑、文石石屑，也可采用质地较好的黄砂，但要经耐腐蚀检验。

（2）耐酸粉。常采用石英粉、辉绿岩粉、瓷粉、安山岩粉、69 号耐酸灰等。

（3）水玻璃、氟硅酸钠。根据设计要求选用。水玻璃类材料的施工温度以 15 ~ 30℃为宜，低于 10℃时应加热后使用，但不宜用蒸汽直接加热。氟硅酸钠等有毒材料要做出标记，安全存放，由专人保管。

2. 配合比

一般依设计要求，如设计无要求，可参考下述配合比：

（1）耐酸胶泥配合比。耐酸粉：氟硅酸钠：水玻璃 = 100:5 ~ 6:40。

（2）耐酸砂浆配合比。耐酸粉：耐酸砂：氟硅酸钠：水玻璃 = 100:250:11:74。

3. 拌制

（1）耐酸胶泥拌制。先把耐酸粉和氟硅酸钠拌均匀，而后慢慢加入水玻璃，边加边拌和至均匀。每次拌料要在 30min 内用完。

（2）耐酸砂浆拌制。先把耐酸粉、耐酸砂和氟硅酸钠拌均匀，然后慢慢加入水玻璃，边加边拌和至均匀。每次拌料要在 30min 内用完。

4. 操作要点

耐酸砂浆抹灰操作要点见表 5-6。

表5-6 耐酸砂浆抹灰操作要点

步　骤	内　容
基层处理	将基层表面的杂物清除干净，凸处部位要剔平，凹处要用1:3水泥砂浆补平。基层要表面平整、清洁、无起砂现象，具有足够的强度，并且干燥，含水率要小于6%。如在呈碱性的水泥砂浆或混凝土基层上抹灰，应设沥青卷材、沥青胶泥等隔离层。如在金属表面抹灰，可直接把耐酸胶泥刷在金属基层上，但应把毛刺、焊渣、铁锈、油污、尘土等清除
抹耐酸胶泥	在基层上涂抹两道耐酸胶泥，两道间隔时间不少于12h，而且要相互垂直涂抹。涂抹时要往复进行，以利封闭严密，并要涂抹均匀，不得产生气泡
抹耐酸砂浆	第二道耐酸胶泥涂抹后，可涂抹耐酸砂浆，厚度控制在3~4mm。涂抹时，一般为7~8遍成活，每遍抹灰都要按一个方向一抹子成活，不要来回反复，如果需要用第二抹子，也要按同一方向抹压。每两层间要相互垂直进行，间隔时间为12~24h 　　面层要压出光面，阴阳角处要抹成圆弧形，不能有裂纹 　　涂抹过程中，房间要适当封闭，不可过于通风，以免干裂。如果出现裂纹，要铲掉重新涂抹，以免造成涂抹层耐酸效果不良
养护	全部抹完后，应在干燥、+15℃以上温度下进行养护，养护期不少于20d
酸洗	养护期后，用30%浓度的硫酸溶液清刷表面进行酸洗处理。每次清刷后墙面析出的白色物要在下一次清刷前擦去。每次清刷间隔时间可依析出物质多少而定，一般前两次间隔时间稍短一些，以后逐渐延长，直到再无白色物析出为止
劳动保护	耐酸砂浆所用材料中有有毒材料，所以材料进场后要放在防雨的干燥仓库内，由专人保管。粉料搅拌应使用密闭的搅拌箱，现场要通风，操作人员要穿工作服，戴口罩、眼镜等，进行酸洗时要穿胶鞋、带胶手套等

5.4.3 耐热砂浆抹灰

1. 耐热砂浆的材料及配制

水泥：矾土水泥，强度等级不低于32.5，并不得含有石灰石，以免影响砂浆强度和稳定性。

耐水泥：用耐火砖、黏土砖经碾碎成粉末，细度要求过4900孔/cm²的筛子。

细骨料：用耐火砖屑，细度同水泥砂浆中砂的颗粒与级配，要求清洁干燥。

耐火砂浆的配制原则上由实验确定，其参考配合比应为水泥:耐水泥:细骨料 = 1:0.66:3.3。砂浆配制计量要准确，事先将细骨料浇水湿润，以免吸水多影响砂浆的和易性，搅拌时要较普通水泥砂浆延长一些时间。

2. 耐热砂浆的操作工艺要点

基层的处理、操作方法同一般水泥砂浆抹灰，养护要求同防水砂浆的标准。

5.4.4 保温砂浆抹灰

1. 保温灰浆的材料及配制

保温灰浆是以膨胀珍珠岩为骨料，以水泥或石灰膏为胶结材料，按一定比例混合搅拌而成的。广泛应用于保温、隔热要求较高的墙体抹灰。

保温灰浆的体积配合比为石灰:膨胀珍珠岩 = 1:4~5 或水泥:膨胀珍珠岩 = 1:5，稠度控制在 80~100mm。

采用机械搅拌时，搅拌时间不宜过长。如掺入 1%~3% 的泡沫剂，能提高其和易性。

2. 保温灰浆的操作工艺要点

保温灰浆抹灰如同石灰砂浆抹灰，一般分两层和三层操作，厚度不超过 15mm，大致分底、中、面层三层。底层采用 1:4，中层也采用 1:4，面层采用 1:3 石灰膨胀珍珠岩灰浆罩面。抹完底层灰后，隔夜再抹中层，待中层稍干时再用木抹搓平。抹灰时，一道横抹，一道竖抹，相互垂直。刮杠、搓平时，用力不要过大。抹子压光后，有时为了美观，面层灰改为纸筋灰罩面，分两遍完成，要求同一般抹灰。

5.4.5 重晶石砂浆抹灰

重晶石（钡砂）含有硫酸钡，用它作为掺合料制成砂浆的面层对 X_x 和 Y_γ 射线有阻隔作用，常用作 X 射线探伤室、X 射线治疗室、同位素实验室等墙面抹灰。

1. 使用材料及配合比

（1）使用材料。

1）水泥：32.5 级普通硅酸盐水泥。

2）砂：一般采用洁净中砂，含泥量不应大于 2%。

3）重晶石（钡砂）：粒径为 0.6~1.2mm，洁净无杂质。

4）重晶石粉（钡粉）：细度通过 0.3mm 筛。

（2）配合比。重晶石砂浆配合比见表 5-7。

表 5-7 重晶石砂浆配合比

材　料	配　合　比	每 m³ 用量/kg
水泥	1	526
砂	1	526
钡砂	1.8	947
钡粉	0.4	210.4
水	0.48	252.5

（3）重晶石砂浆搅拌。重晶石砂浆搅拌时，要严格控制配合比和稠度，拌和用料必须要过秤，搅拌砂浆的水要加热到 50℃，按比例先将重晶石粉（钡粉）与水泥拌和均匀，然后加入砂和重晶石砂（钡砂）拌和均匀，再加水搅拌均匀。每次拌料要在 1h 内用完。

2. 操作要点

重晶石砂浆抹灰操作要点见表 5-8。

表 5-8 重晶石砂浆抹灰操作要点

步骤	内 容
基层处理	清除墙面尘污,凹凸不平处用 1:3 水泥砂浆找平或凿平,并浇水润湿
抹砂浆	抹灰一般应根据设计厚度分 7~8 次抹成,要一层竖抹一层横抹分层施工,每层抹灰厚度不得超过 3~4mm,而且每层抹灰要连续施工,不得留施工缝。抹灰过程中,如果发现裂缝,必须铲除重抹,每层抹完后 30min 要用抹子压一遍,表面划毛,最后一层必须待收水后用铁抹子压光 　　阴阳角要抹成圆弧形,以免棱角开裂 　　每天抹灰后,昼夜喷水养护不少于 5 次,整个抹灰完成后要关闭门窗一周,地面要浇水,使室内有足够的湿度,并用喷雾器喷水养护,养护期一般不少于 14d,养护温度保持在 15℃ 以上

5.5　饰面砖(板)粘贴与安装

5.5.1　面砖铺贴

用面砖作外墙饰面,装饰效果好,不仅可以提高建筑物的使用质量,并能美化建筑物,保护墙体,延长建筑物的使用年限。面砖有毛面和光面两种,光面砖又分为有釉和无釉两种,此外还有彩色面砖,其一般构造如图 5-5 所示。

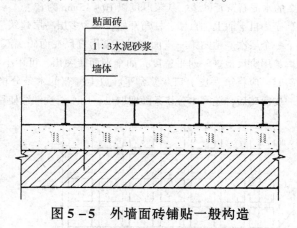

图 5-5　外墙面砖铺贴一般构造

1. 材料

(1) 水泥。水泥不得用强度等级低于 42.5 的通用硅酸盐水泥。

(2) 砂子。选用中砂,用作填灰、刮糙、做粘结砂浆;细砂作勾缝用。

纸筋灰和石灰膏经熟化稠度在 8cm 左右。

打底用砂浆配合比为:水泥:砂子 = 1:3。

（3）面砖。面砖要事先进行挑选，要求面砖尺寸规格符合要求，砖角方正，无隐裂，无凹凸，无扭曲，无夹心砖，颜色均匀一致。

2．工具

工具包括常用抹灰工具、水平尺、靠尺板、托线板、方尺、刮尺、砖缝嵌条、手提割刀、擦布以及勾缝工具。

3．操作要点

面砖铺贴操作要点见表 5 −9。

表 5 −9　面砖铺贴操作要点

步骤	内容及图示
面砖浸泡	面砖在镶贴前清扫干净，然后放入清水中浸泡 2h 以上，浸透水后再取出晾干，表面无水迹后方可使用。没有用水浸泡的饰面砖吸水性较大，在镶贴后会迅速吸收砂浆中的水分，影响粘结质量，而浸透吸足水没晾干时，由于水膜的作用，镶贴面砖会产生瓷砖浮滑现象，对操作不便，且因水分散发会引起瓷砖与基层的分离 
面砖铺贴	面砖铺贴前，先用钢皮抹子在背面刷刮灰浆一遍，接着在砌背面刮满刀灰，贴面砖的灰浆用 1:0.2:2 的水泥石灰膏砂浆，灰浆厚度以 10～15mm 为宜 面砖铺贴顺序为自下而上，自墙、柱角开始，如为多层高层建筑应以每层为界，完成一个层次再做下一个层次。粘贴第一皮面砖时，需用直尺在面砖底部托平，保持头角齐直。贴完第一皮后，用直尺检查一遍平整度，如个别面砖突出，可用小锤或木柄向内蔽几下。贴第二皮面砖时，应将第一皮上口灰浆刮平，放上缝宽的木条分格，对齐垂直缝即可铺贴。贴完上一皮面砖后，缝间木分格条随即取出，用水清洗继续使用 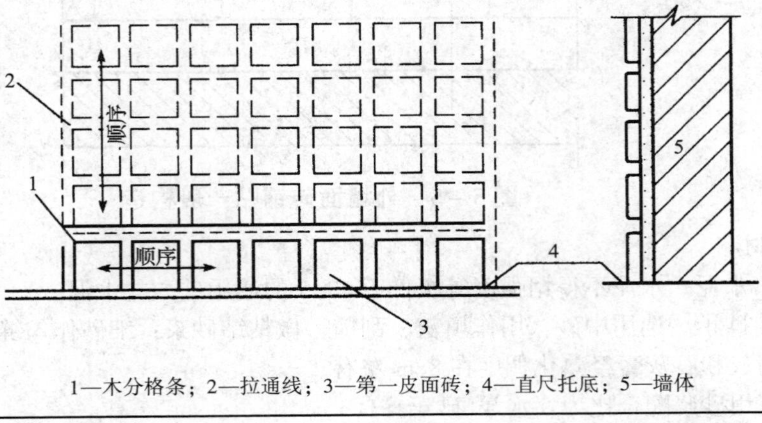 1—木分格条；2—拉通线；3—第一皮面砖；4—直尺托底；5—墙体

续表 5 – 9

步骤	内容及图示
预排、弹线	外墙铺贴面砖要严格按照设计要求预排铺贴，并根据实际情况调整。确定出角皮数、灰缝大小要求，使面砖横缝四周跟通，窗洞口、窗台面都要和周围墙面相互一致跟通。墙面阳角、窗间墙两角、各柱面阳角都要保持整砖或统一尺寸呈对称的找砖。阴角处找砖也要确定规格一次切割备用 　　排列中可利用面砖的缝隙来调节面砖铺贴水平，垂直面砖尺寸的误差也要在分格缝中进行调整 　　面砖的排列方式有：错缝、通缝、竖通缝、横通缝和其他各种排列法，阴角做法有叠角和八字夹角 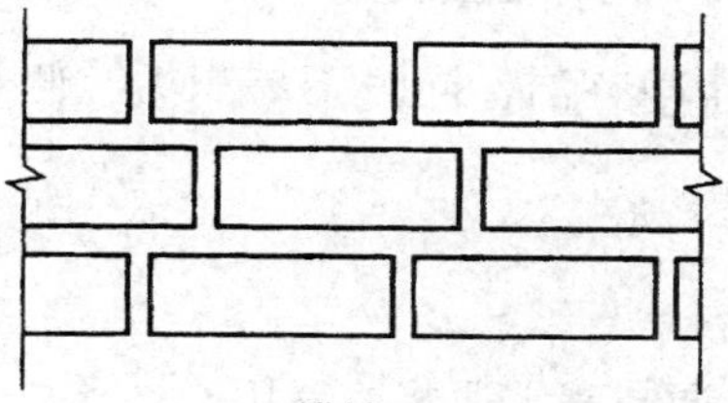 错缝 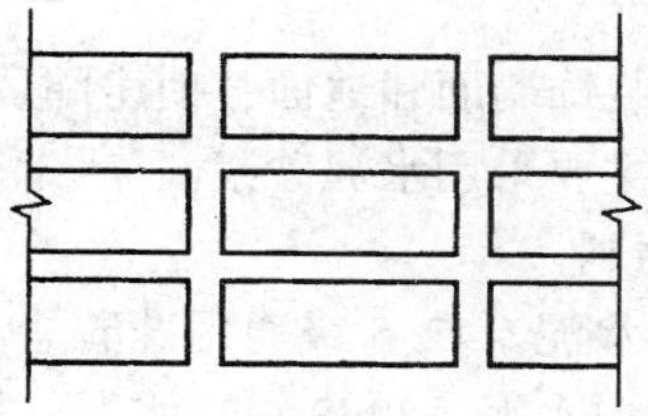　　　　　　　　通缝 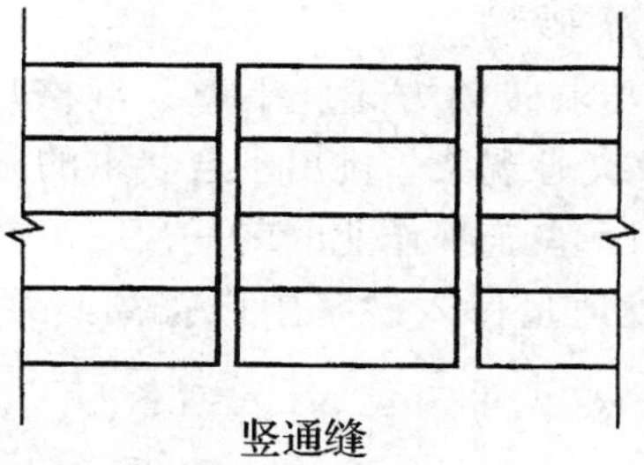 竖通缝 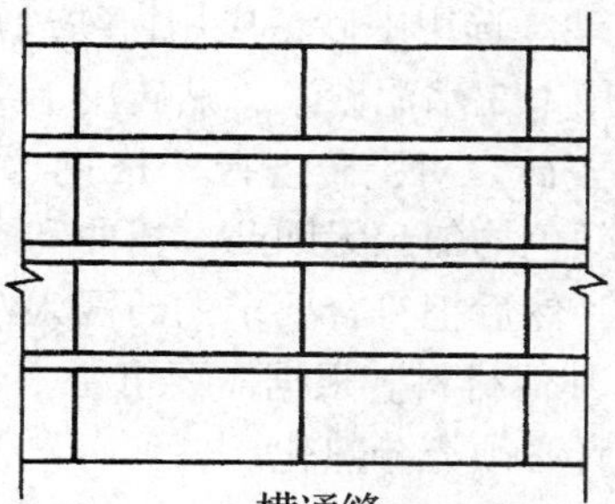　　　　　　　横通缝 　　排砖完毕后，用水平仪测出外墙各阴阳角处的水平控制点，弹上水平线使外墙水平线四跟通。再根据面砖的皮数尺寸，弹出各施工段的水平控制线。根据排列情况，用线锤挂出直阴阳角。做上灰饼作为阴阳角的垂直标志，然后按规定对墙面做灰饼，作为铺贴面砖平度标志，并以 3 ~ 5 块面砖的距离为依据进行墙面弹线分格，以控制铺贴
勾缝养护	勾缝是外墙面砖饰面镶贴的最后一道工序，在贴完一个墙面或全部墙面完工并检查合格后进行。勾缝应用 1:1 水泥砂浆分皮嵌实，一般分两遍，头遍用水泥砂浆，第二遍用与面砖同色的彩色水泥砂浆勾凹缝，凹进深度为 3mm。面砖勾缝处残留的砂浆必须清除干净 　　面砖镶贴后应注意养护，防止砂浆早期受冻或烈日曝晒，以免砂浆疏松 　　如镶贴面砖完工后，仍发现有不洁净处，可用软毛刷蘸 10% 的稀盐酸溶液刷洗，然后用清水洗净，以免产生变色和侵蚀勾缝砂浆

5.5.2　瓷砖铺贴

　　在室内装饰中瓷砖常作为地面和墙面装饰饰面材料。在洗手间、卫生间、厨房间常用彩色和白色瓷砖装饰墙面，其构造如图 5 –6 所示。

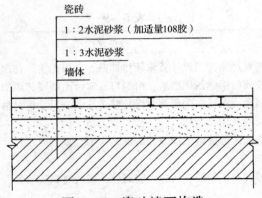

瓷砖
1：2水泥砂浆（加适量108胶）
1：3水泥砂浆
墙体

图 5 - 6　瓷砖墙面构造

瓷砖装饰墙面和地面，使房间显得干净整洁，同时不易积垢，便于做清洁卫生工作。瓷砖粘贴主要采用水泥砂浆。

1. 材料

（1）水泥。42.5 级通用硅酸盐水泥。

（2）白水泥。32.5 级白水泥，用于调制素水泥浆擦缝用。

（3）砂。选用中砂，应用窗纱过筛，含泥量不大于 3%。

底层用 1：3 水泥砂浆，贴砖用 1：2 水泥砂浆。

（4）瓷砖。对瓷砖进行严格挑选，要求砖角方正、平整，规格尺寸符合设计要求，无隐裂，颜色均匀，无凹凸、扭曲和裂纹夹心现象。挑出不合要求的砖块，放在一边留作割砖时用，然后把符合要求的砖浸入水内，在施工作业的前一夜取出并沥干水分待用。

（5）其他材料。根据需要可备 108 胶适量掺入砂浆中以提高砂浆的和易性和粘结能力。白灰膏必须充分熟化。

2. 工具

工具包括水平尺、靠尺若干、方尺、开刀、钢錾子、木工锤、粉线包、合金小錾子、钢丝钳、托线板、饰面板材切割机、小铲刀、备用若干抹布与其他常用抹灰工具。

3. 操作要点

瓷砖铺贴操作要点见表 5 - 10。

表 5 - 10　瓷砖铺贴操作要点

步骤	内容及图示
材料进场	施工前将需要的材料整齐堆放在一旁待用

续表 5 – 10

步骤	内容及图示
基层处理	首先应除去基层表面的污垢、油渍、浮灰，除去基层上所有涂料层、腻子层，如果基层未能达到平整度要求，需对基层进行预先的找平处理 
放样	铺贴瓷砖前需事先找好垂直线，以此为基准铺贴的瓷砖高低均匀、垂直美观，此外，施工前在墙体四周需弹出标高控制线，在地面弹出十字线，以控制地砖分隔尺寸 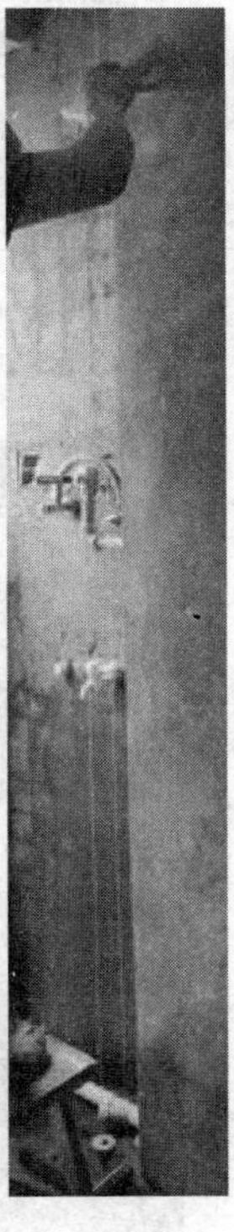

续表 5 –10

步骤	内容及图示
预铺	首先应对瓷砖的色彩、纹理、表面平整等进行严格的挑选，然后按照图纸要求预铺。对可能出现的尺寸、色彩、纹理误差等进行调整、更换，直至达到最佳效果 
调制粘结剂	加水后将粘结剂浆料搅拌至润滑均匀，无明显块状或糊状结块，搅拌后的浆料静置 5 ~ 10min 后再稍加搅拌 1 ~ 2min 即可使用 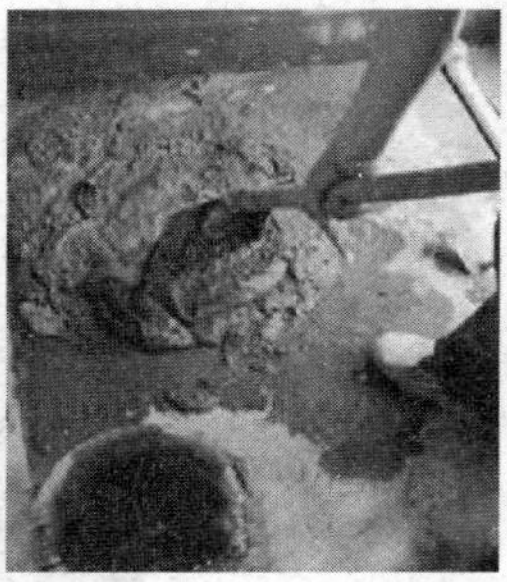
抹浆料	在开始铺贴施工前，需要先清理瓷砖表面的浮灰、污垢等 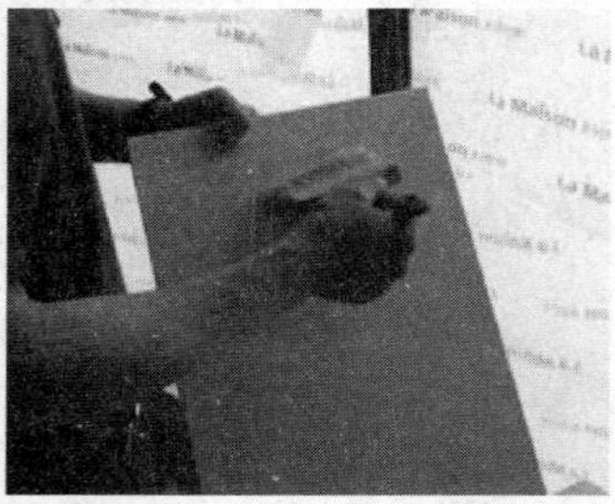 将调制好的浆料均匀地抹在瓷砖背面，要求浆料饱满 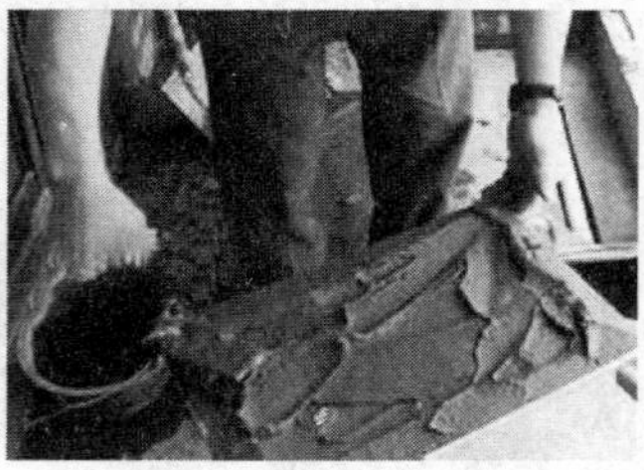

续表 5 – 10

步骤	内容及图示
铺贴	将瓷砖平整地铺贴在基层上，使用橡胶锤将瓷砖拍实铺平。施工过程中，可小幅度转动瓷砖，使浆料与瓷砖背面充分接触 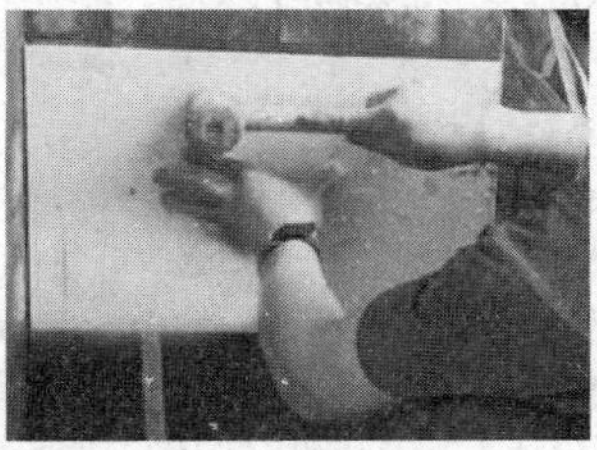 腰线的铺贴应注意与瓷砖纹理保持一致  根据瓷砖的尺寸，在砖与砖之间预留相应尺寸的缝隙留待嵌缝。粘结剂具有一定的可调整性能，可对留缝的大小进行调整 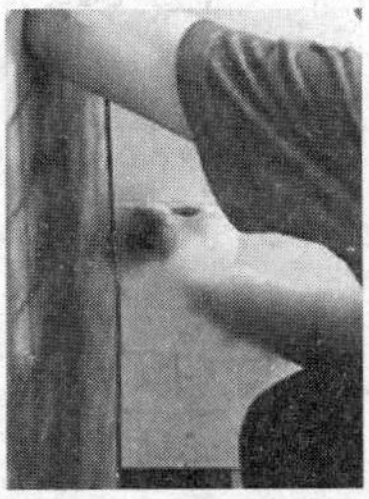
嵌缝	瓷砖铺贴结束后 24h，可进行嵌缝施工。将调制好的嵌缝剂均匀地涂在砖与砖的缝隙内  嵌缝后用浸湿的织物清理多余的嵌缝剂，保持瓷砖表面清洁 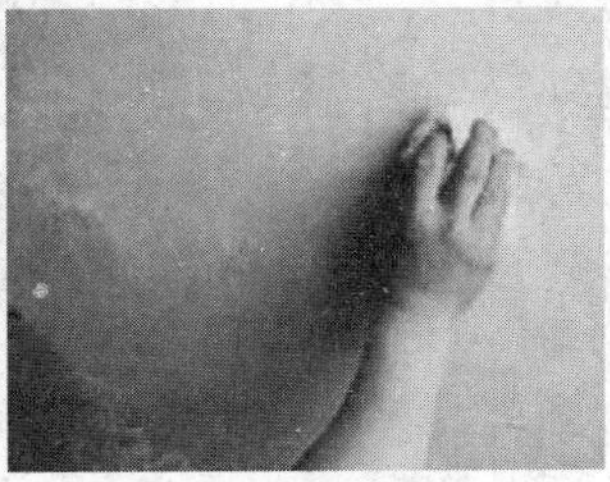

5.5.3 陶瓷马赛克铺贴

陶瓷马赛克是传统的墙面装饰材料。它质地坚实、经久耐用、花色繁多，耐酸、耐碱、耐磨，不渗水，易清洗，用于建筑物室内地面、厕所和浴室等内墙；作为外墙装饰材料也得到广泛应用，其构造如图 5 – 7 所示。

陶瓷马赛克

1：3水泥砂浆

墙体

图 5 – 7　陶瓷马赛克墙面构造

1．材料

（1）水泥。42.5 级以上通用硅酸盐水泥或白色硅酸盐水泥。

（2）砂子。中砂，干净。

（3）石灰膏。石灰膏须经充分熟化以后用。

（4）底层砂浆。水泥:砂子 =1:3。

2．工具

除了常用的抹灰工具外，还应有水平尺、靠尺、硬木拍板、棉纺擦布、刷子、拨缝刀。

3．操作要点

陶瓷马赛克铺贴操作要点见表 5 – 11。

表 5 – 11　陶瓷马赛克铺贴操作要点

操 作 步 骤	图 示
计算好面积后，将辅料和水搅和	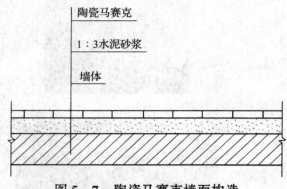

续表 5–11

操 作 步 骤	图 示
将辅料均匀铺上墙面	
把马赛克粘在墙壁上，每片之间的距离保持一致	
粘贴完用铺贴工具揉压至牢固	
使用辅料将马赛克缝隙均匀填至饱满	
填缝 1h 后，用湿热毛巾将马赛克表面上的辅料清洁干净，马赛克最终凝结大约需要 24h	

5.5.4　饰面板安装

1. 大理石饰面板墙面安装

大理石饰面板是一种高级装饰材料，用于高级建筑物的装饰面。大理石的花纹色彩丰富、绚丽美观，用大理石装饰的工程更显得富丽堂皇。大理石适用范围较广，可作为高级建筑中的墙面、柱面、窗台板、楼地板、卫生间梳妆台、楼梯踏步等贴面。

（1）一般安装法。其操作要点见表5-12。

表5-12　一般安装法操作要点

步骤	内容及图示
绑扎钢筋网	按施工大样图要求的横竖距离，焊接或绑扎安用的钢筋骨架。方法是按找规矩的线在水平与垂直范围内根据立面要求画出水平方向及竖直方向的饰面板分块尺寸，并核对一下墙或柱预留的洞、槽的位置。剔凿出墙面或柱面结构施工时预埋钢筋或贴模筋，使其外露于墙、柱面，连接绑扎φ8的竖向钢筋（竖向钢筋的间距，如设计无规定，可按饰面板宽度距离设置），随后绑扎横向钢筋，其间距以比饰面板竖向尺寸低2~3cm为宜 　　如基体未预埋钢筋，可使用电锤钻孔，孔径为25mm，孔深90mm，用M16胀管螺栓固定预埋铁，然后再按前述方法进行绑扎或焊竖筋和横筋 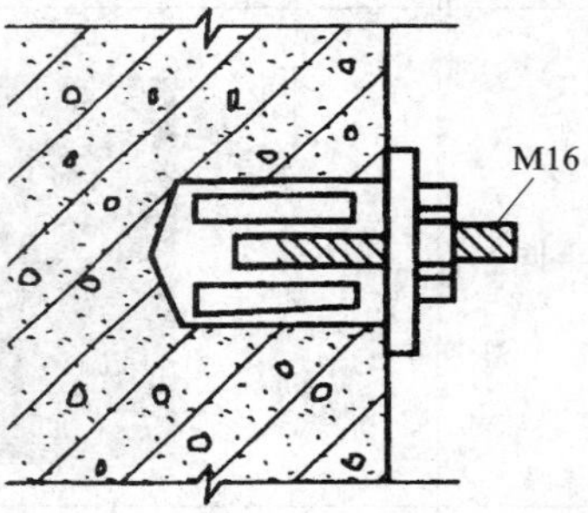
预排	一般先按图挑出品种、规格、颜色一致的材料，按设计尺寸在地上进行试拼、校正尺寸及四角套方，使其合乎要求。凡阳角处相邻两块板应磨边卡角 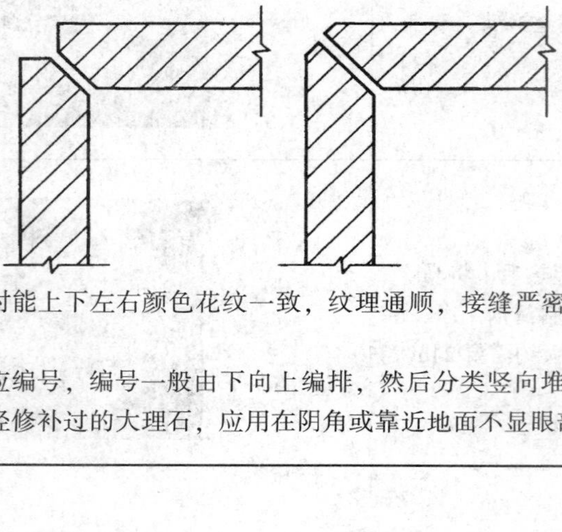 　　为使大理石安装时能上下左右颜色花纹一致，纹理通顺，接缝严密吻合，安装前必须按大样图预拼排号 　　预拼好的大理石应编号，编号一般由下向上编排，然后分类竖向堆好备用。对于有裂缝暗痕等缺陷以及经修补过的大理石，应用在阴角或靠近地面不显眼部位

续表 5 –12

步骤	内容及图示
钻孔、剔凿及固定不锈钢丝	按排号顺序将石板侧面钻孔打眼。操作时应钉木架 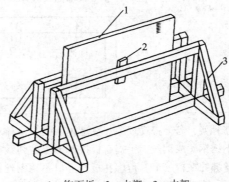 1—饰面板；2—木楔；3—木架 直孔的打法是用手电钻直对板材上端面钻孔两个，孔位距板材两端 1/4 处，孔径为 5mm，深 15mm，孔位距板背面约 8mm 为宜。如板的宽度较大（板宽大于 60cm），中间应再增钻一孔。钻孔后用合金钢錾子朝石板背面的孔壁轻打剔凿，剔出深 4mm 的槽，以便固定不锈钢丝或铜丝。然后将石板下端翻转过来，同样方法再钻孔两个（或三个）并剔凿 4mm 槽，这叫打直孔 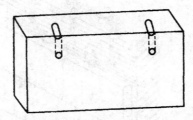 板孔钻好后，把备好的 16 号不锈钢丝或铜丝剪成 20cm 长，一端深入孔底顺孔槽埋卧，并用铅皮将不锈钢丝或铜丝塞牢，另一端侧伸出板外备用 另一种打孔法是钻斜孔，孔眼与板面成 35°，钻孔时调整木架木楔，使石板成 35°，便于手电钻操作。斜孔也要在石板上下端面靠背面的孔壁轻打剔凿，剔出深 4mm 的槽，孔内穿入不锈钢丝或铜丝，并从孔两头伸出，压入板端槽内备用 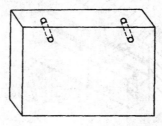

续表 5 – 12

步骤	内容及图示
钻孔、剔凿及固定不锈钢丝	还有一种是钻成牛鼻子孔，方法是将石板直立于木架上，使手电钻直对板上端钻孔两个，孔眼居中，深度为 15mm 左右，然后将石板平放，背面朝上，垂直于直孔打眼与直孔贯通牛鼻子孔。牛鼻子孔适合于碹脸饰面安装用 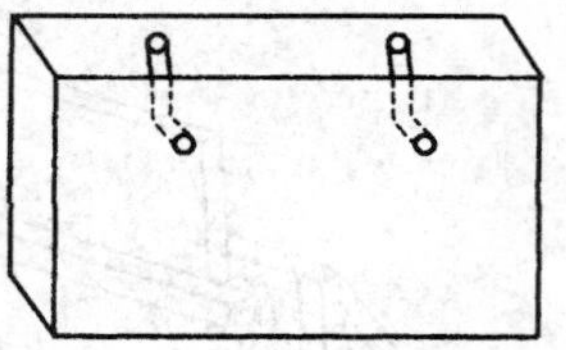
安装	检查钢筋骨架，若无松动现象，在基体上刷一遍稀水泥浆，接着按编号将大理石板擦净并理直不锈钢丝或铜丝，手提石板按基体上的弹线就位。板材上口外仰，把下口不锈钢丝或铜丝绑扎在横筋上，再绑扎板材上口不锈钢丝或铜丝，用木楔垫稳。并用靠尺板检查调整后，再系紧不锈钢丝或铜丝，按此顺序进行。柱面可顺时针安装，一般先从正面开始，第一层安装完毕，要用靠尺板找垂直，用水平尺找平整，用方尺找好阴阳角。如发现板材规格不准确或板材间隙不匀，应用铅皮加垫，使板材间缝隙均匀一致，以保持每一层板材上口平直，为上一层板材安装打下基础 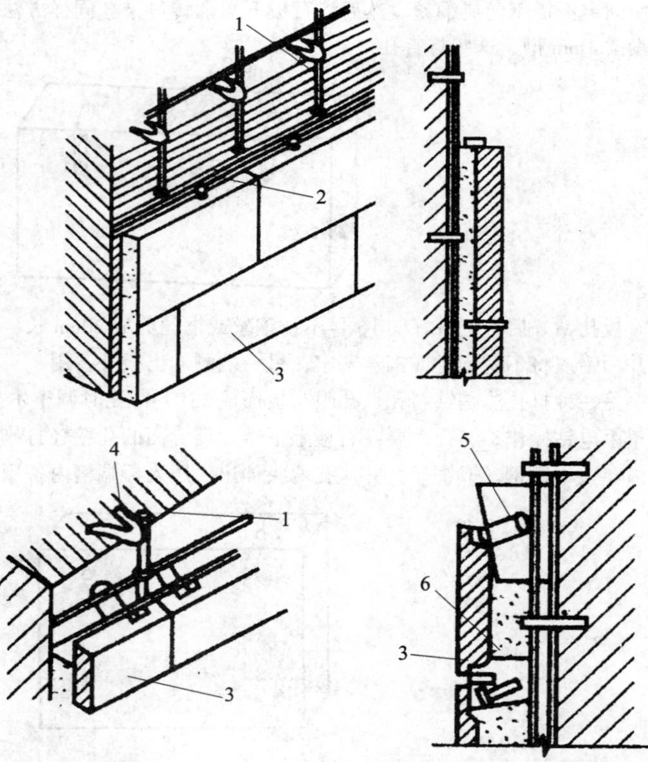 1—钢筋；2—钻孔；3—石板；4—预埋筋；5—木楔；6—灌浆

续表 5 – 12

步骤	内容及图示
临时固定	板材安装后，用纸或熟石膏（调制石膏时，可掺加 20% 水泥以增加强度，防止石膏裂缝。但白色大理石容易污染，不要掺水泥）将两侧缝隙堵严，上、下口临时固定，较大的块材以及门窗碹脸饰面板应另加支撑。为了矫正视觉误差，安装门窗碹脸时应按 1% 起拱。然后，及时用靠尺板、水平尺检查板面是否平直，以保证板与板的交接处四角平直。发现问题立即校正，待石膏硬固后即可进行灌浆
灌浆	用 1: (2.5 ~ 3) 水泥砂浆（稠度为 8 ~ 12cm）分层灌入石板内侧。注意灌注时不要碰动板材，也不要只从一处灌注，同时要检查板材是否因灌浆而外移。第一层浇灌高度为 15cm，即不得超过板材高度的三分之一。第一层灌浆很重要，要锚固下铜丝及板材，所以应轻轻操作，防止碰撞和猛灌。一旦发生板材外移错动，应拆除重新安装 　　待第一层灌浆稍停 1 ~ 2h，检查板材无移动后，再进行第二层灌浆，高度为 10cm 左右，即达到板材的 1/2 高度 　　第三层灌浆灌到低于板材上口 5cm 处，余量作为上层板材灌浆的接缝。如板材高度为 50cm，每一层灌浆为 15cm，留下 5 ~ 10cm 余量作为上层石板灌浆的接缝 　　采用浅色大理石饰面板时，灌浆应用白水泥和白石屑，以防透底，影响美观
清理	第三次灌浆完毕，砂浆初凝后可清理石板上口余浆，并用棉丝擦干净。隔天再清理板材上口木楔和有碍安装上层板材的石膏。清理干净后，可用上述程序安装另一层石板，周而复始，依次进行安装 　　墙面、柱面、门窗套等饰面板安装与地面块材铺设的关系，一般采取先做立面后做地面的方法，这种方法要求地面分块尺寸准确，边部块材须切割整齐。亦可采用先做地面后做立面的方法，这样可以解决边部块材不齐的问题，但地面应加以保护，防止损坏
嵌缝	全部安装完毕并清除所有的石膏及余浆残迹后，用与石板颜色相同的色浆嵌缝，边嵌边擦干净，使缝隙密实，颜色一致
抛光	磨光的大理石，表面在工厂已经进行抛光打蜡，但由于施工过程中的污染，表面失去部分光泽。所以，安装完后要进行擦拭与抛光、打蜡，并采取临时措施保护棱角

（2）挂贴法。首先要在结构中留钢筋头或在砌墙时预埋镀铁构。安装时，在铁钩内先下主筋，间距为 500 ~ 1000mm，然后按板材高度在主筋上绑扎横筋，构成钢筋网，钢筋为 $\phi 6 \sim \phi 9$。板材上端两边钻有小孔，选用铜丝或镀锌铁丝穿孔将大理石板绑扎在横筋上。大理石与墙身之间留出 30mm 缝隙灌浆。施工时，要用活动木楔插入缝中来控制缝宽，并将石板临时固定，然后再在石板背面与墙面之间灌浇水泥砂浆。灌浆宜分层灌入，每次不宜超过 200mm，离上口 80mm 即停止，以便上下连成整体，如图 5 - 8 所示。

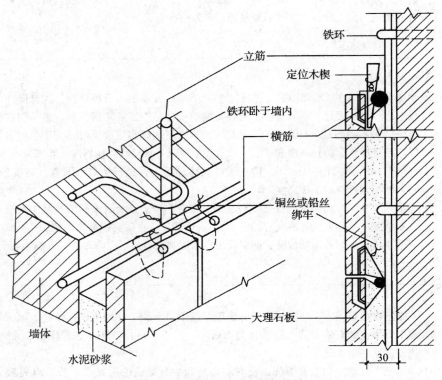

图 5 - 8 大理石墙面挂贴法

安装白色或浅色大理石饰面板时，灌浆应用白水泥和白石屑，以防透底，影响美观。

（3）楔固安装法。大理石一般安装法工序多，操作较为复杂，往往由于操作不当造成粘结不牢、表面接槎不平整等通病，且采用钢筋网连接会增加工程造价。楔固安装法是结合一般安装的有效方法而采取的新工艺，其工艺流程如图 5 - 9 所示。楔固安装法的施工准备、板材预拼排号、对花纹的方法与前述方法相同，主要不同是楔固安装法是将固定板块的钢丝直接楔接在墙体或柱体上。

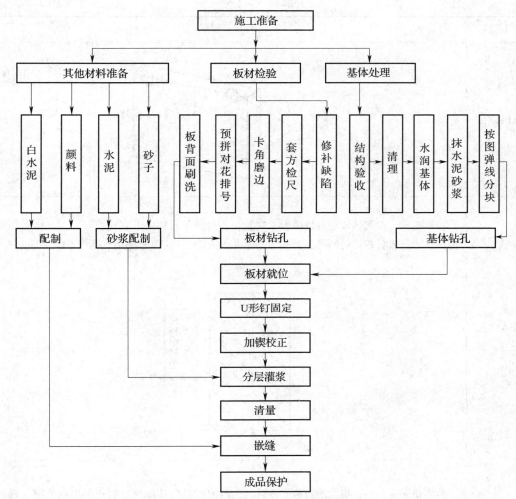

图5-9　大理石楔固安装工艺流程

楔固安装法操作要点见表5-13。

表5-13　楔固安装法操作要点

步骤	内容及图示
基体处理	清理砖墙或混凝土基体并用水湿润，抹上1:1水泥砂浆（要求中砂或粗砂）。大理石饰面板背面要用清水刷洗干净
石板钻孔	将大理石饰面板直立固定于木架上，用手电钻距板两端1/4处在板厚中心打直孔，孔径为6mm，深35~40mm，板宽小于或等于500mm打直孔两个，板宽大于500mm打直孔三个，大于800mm的打直孔四个。然后将板旋转90°固定于木架上，在板两侧分别各打直孔一个，孔位居于板下端往上100mm处，孔径为6mm，孔深35~40mm，上下直孔都用合金錾子向板背面方向剔槽，槽深7mm，以便安卧U形钉

续表 5－13

步骤	内容及图示
石板钻孔	 *φ*6直孔
基体钻孔	板钻孔后，按基体放线分块位置临时就位，对应于石板上下直孔位置，在基体上用冲击钻钻出与板材相等的斜孔，斜孔与基体夹角为 45°，孔径为 6mm，孔深 40～50mm 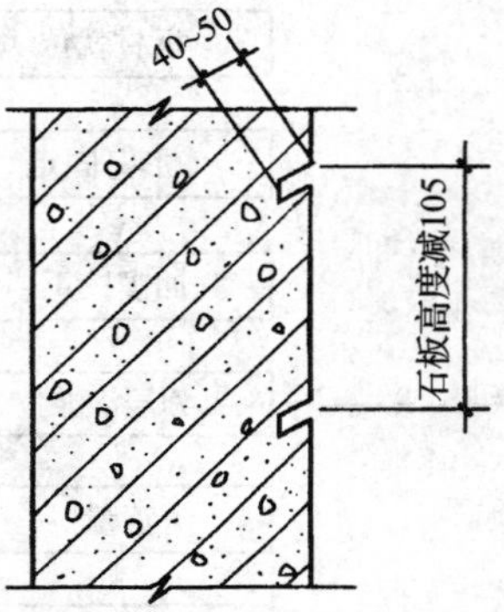
板材安装和固定	基体钻完斜孔后，将大理石板安放就位，根据板材与基体相距的孔距用钢丝钳子现制直径为 5mm 的不锈钢 U 形钉，一端勾进大理石板直孔内，并随即用硬木小楔楔紧；另一端则勾进基体斜孔内，再拉小线或用靠尺板及水平尺校正板上下口及板面垂直度和平整度，以及与相邻板材接合是否严密，随后将基体斜孔内不锈钢 U 形钉楔紧。用大头木楔紧固于石板与基体之间 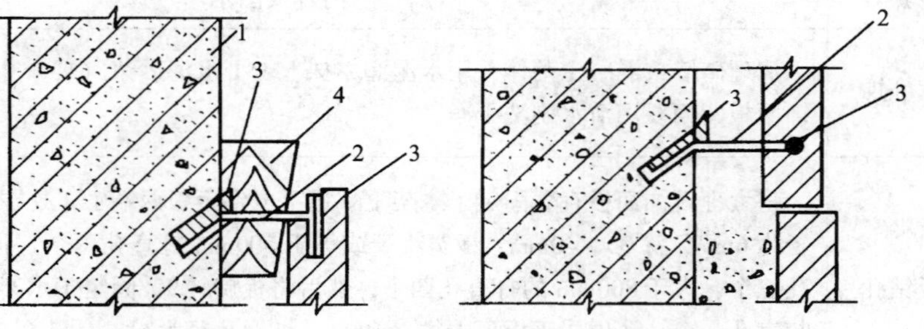 1—基体；2—U 形钉；3—硬木小楔；4—大头木楔

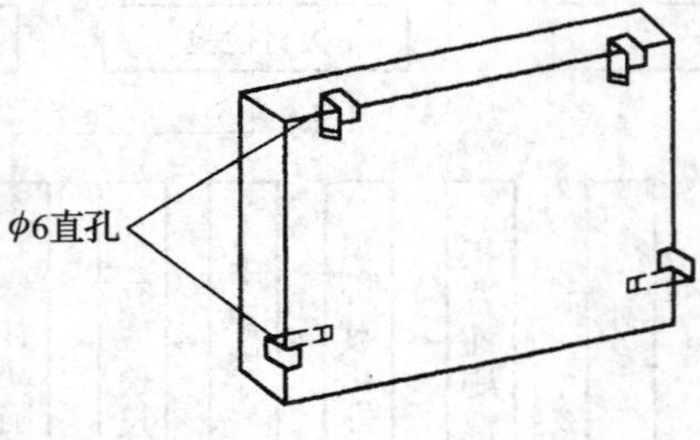

（4）木楔固定法。木楔固定法与挂贴法的区别是墙面上不安钢筋网，将铜丝的一端连同木楔打入墙身，另一端穿入大理石孔内扎实，其余做法与前法相同，如图 5 – 10 所示。木楔固定法分灌浆和干铺两种处理方法。干铺时，先以石膏块或粉刷块定位找平，留出缝隙，然后用铜丝或镀锌铅丝将木楔和大理石拴牢。其优点是在大理石背面形成空气层，不受墙体析出的水分、盐分的影响而出现风化和表面失光的现象，但不如灌浆法牢固，一般用于墙体可能出现经常潮湿的情况。而灌浆法是一般常用的方法，即用 1∶2.5 的水泥砂浆灌缝，但是要注意不能掺入酸碱盐的化学品，以免腐蚀大理石。

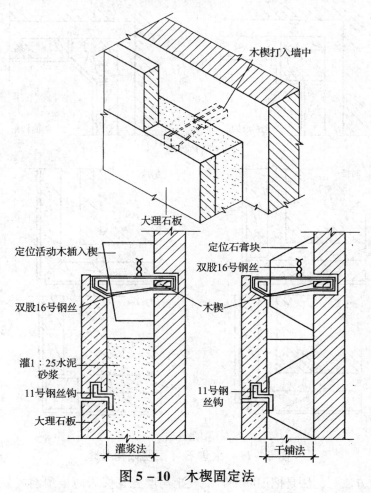

图 5 – 10 木楔固定法

石板的接缝常用对接、分块、有规则、不规则、冰纹等方式。除了破碎大理石面，一般大理石接缝在 1 ~ 2mm。

大理石板的阴角、阳角的拼接，如图 5 – 11 所示。

2. 花岗石饰面板安装

花岗石饰面板因耐侵蚀、抗风化能力强、经久耐用而多用于室外饰面。用花岗岩作外装饰面效果好，但造价高，因而主要用于公共建筑。

（1）镜面花岗石饰面板安装。镜面花岗石饰面板安装分干法与湿法两种作业方法。

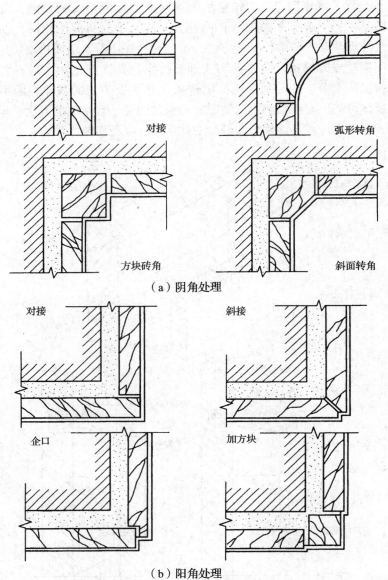

（a）阴角处理

（b）阳角处理

图 5－11　大理石墙面阴阳角处理

1）干作业方法。此法是把钢筋细石混凝土与磨光花岗岩薄板预制成复合板，使结构预埋件与连接件连成一体，在饰面复合板与结构之间形成一个空腔。

锚固完成后，在饰面板与基体结构之间缝中分层灌注 1:2.5 水泥砂浆，如图 5－12 所示。

磨光花岗石（又称镜面花岗石）饰面板一般厚度为 20～30mm，可采用挂贴法、木楔固定法、树脂胶粘结法、钢网法或干挂法等方法安装，其工艺和工序与大理石饰面板的方法相同。其中，干挂法是较新的安装方法。

干挂工艺又有两种方法：直接挂板法和花岗石预制板干挂法。

直接挂板法安装花岗石板块是用不锈钢型材或连接件将板块支托并锚固在墙面上，连

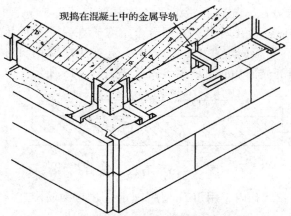

图 5 – 12　花岗石饰面连接构造示意图

接件用膨胀螺栓固定在墙面上，上下两层之间的间距等于板块的高度，安装的关键是板块上的凹槽和连接件位置的准确。花岗石板块上的四个凹槽位应在板厚中心线上。其构造做法如图 5 – 13 所示。

较厚的板块材拐角可做成 L 形错缝或 45°斜口对接等形式；平接可用对接、搭接等形式，如图 5 – 14所示。

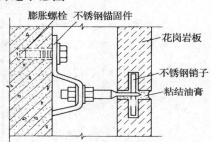

图 5 – 13　直接挂板式安装板块

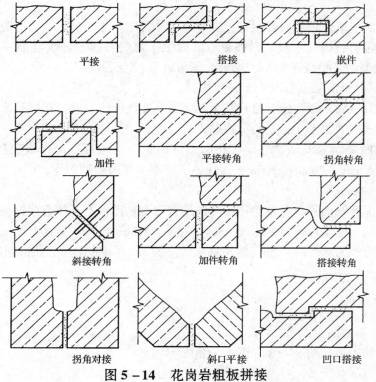

图 5 – 14　花岗岩粗板拼接

2）湿作业改进的方法。先在石板上下各钻两个孔径为 5mm、孔深为 18mm 的直孔，同时在石板背面再钻 135°斜孔两个。先用合金钢錾子在钻孔平面剔窝，再用台钻直对石板背面打孔，打孔时将石板固定在 135°的木架上（或用摇臂钻斜对石板）钻孔，孔深为 5~8mm，孔底距石板磨光面 9mm，孔径 8mm，如图 5 – 15 所示。

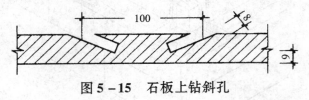

图 5 – 15　石板上钻斜孔

把金属夹安装在 135°孔内，用 JGN 型胶固定，并与钢筋网连接牢固，如图 5 – 16 所示。

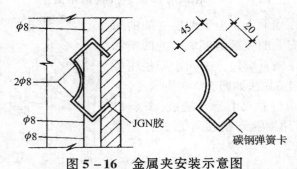

图 5 – 16　金属夹安装示意图

花岗石饰面板就位后用石膏固定，浇灌豆石混凝土。浇灌时把豆石混凝土用铁簸箕均匀倒入，不得碰动石板及木楔。轻捣豆石混凝土，每层石板分三次浇灌，每次浇灌间隔 1h 左右，待初凝后经检查无松动、变形，可继续浇灌豆石混凝土。第三次浇灌时上口留 5cm，作为上层石板浇灌豆石混凝土的结合层。

石板安装完毕后，清除所有石膏和余浆痕迹并擦洗干净，并按花岗石饰面板颜色调制水泥浆嵌缝，随嵌随擦干净，最后上蜡抛光。

（2）细琢面饰面板安装。细琢面花岗石饰面板有机刨板、剁斧板和粗磨板等几种，板厚度一般有 50mm、76mm、100mm 等规格，墙面、柱面多用板厚 50mm，勒脚饰面多用板厚 76mm、100mm 等。

细琢面花岗石饰面板与基体的锚固多采用镀锌钢锚固件与基体直接锚固连接，缝中分层灌筑水泥砂浆。扁条锚固件的厚度一般为 3mm、5mm、6mm，宽多为 25mm、30mm；圆杆锚固件常用直径为 6mm、9mm；线型锚固件多用 φ3 ~ φ5 钢丝。其锚固形式如图5 – 17所示。

5.5.5　块材地面

1. 瓷砖地面铺贴

瓷砖地面的构造如图 5 – 18 和图 5 – 19 所示。

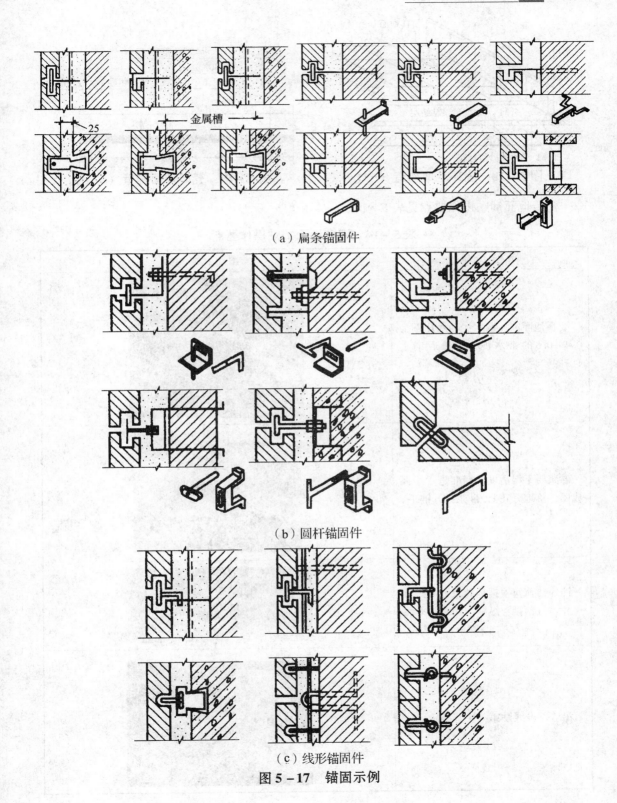

（a）扁条锚固件

（b）圆杆锚固件

（c）线形锚固件

图 5 – 17 锚固示例

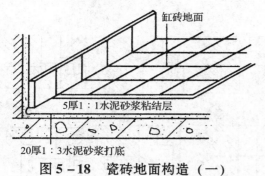

图 5 – 18　瓷砖地面构造（一）

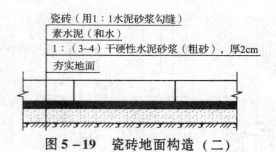

图 5 – 19　瓷砖地面构造（二）

瓷砖地面铺贴操作要点见表 5 – 14。

表 5 –14　瓷砖地面铺贴操作要点

操 作 步 骤	图　　示
要在地面刷一遍水泥和水比例为 0.4～0.5 的素水泥水，然后铺上 1:3 的砂浆	
砂浆要干湿适度，标准是"手握成团，落地开花"，砂浆摊开铺平	
铺地砖前应根据地砖尺寸和地面尺寸进行预排，纵横拉两条基准线	
沿着基准线贴第一块基准砖	

续表 5 – 14

操 作 步 骤	图 示
把瓷砖铺在砂浆上，用橡皮锤敲打结实和第一块基准砖平齐	
敲打结实后，拿起瓷砖，看砂浆是否有欠浆或不平整的地方，撒上砂浆补充填实	
第二次把瓷砖铺上，敲打结实至和基准砖平齐	
第二次拿起瓷砖，检查地面砂浆是否已经饱满，有没有缝隙，如果已经饱满和平整，在瓷砖上均匀地涂抹一层素水泥浆	
第三次把砖铺上，敲打结实，和基准砖平齐	

续表 5 – 14

操 作 步 骤	图 示
用水平尺检查瓷砖是否水平，用橡皮锤敲打直到完全水平	
用刮刀从砖缝中间划一道，保证砖与砖之间要有一定的、均匀的缝隙，防止热胀冷缩对砖造成损坏，用刮刀在两块砖上纵向来回划拉，检查两块砖是否平齐	

2. 陶瓷马赛克地面镶嵌

陶瓷马赛克地面构造如图 5 – 20 和图 5 – 21 所示。

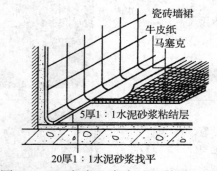

图 5 – 20　陶瓷马赛克地面构造（一）

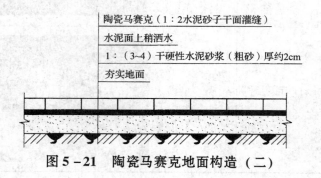

图 5 – 21　陶瓷马赛克地面构造（二）

在清理好的地面上找好规矩和泛水，扫好水泥浆，再按地面标高留出陶瓷马赛克厚度做灰饼，用 1∶(3~4) 干硬性水泥浆（砂为粗砂）冲筋、刮平厚约 2cm，刮平时砂浆要拍实。

刮平后撒上一层水泥，再稍洒水（不可太多）将陶瓷马赛克铺上。两间相通的房屋应从门口中间拉线，先铺好一张然后往两面铺，单间的从墙角开始（如房间稍有不方正时，在缝里分匀），有图案的按图案铺贴。铺好后用小锤拍板将地面普遍敲一遍，再用扫帚淋水，约 0.5h 后将护口纸揭掉。

揭纸后依次用 1∶2 水泥砂子干面灌缝拨缝，灌好后用小锤拍板敲一遍，用抹子或开刀将缝拨直，最后用 1∶1 水泥砂子（砂子均要过窗纱筛）干面扫入缝中扫严，将余灰砂扫净，用锯末将面层扫干净成活。

陶瓷马赛克宜整间一次镶铺。如果一次不能铺完，须将接槎切齐，余灰清理干净。

交活后第二天铺上干锯末养护，3~4 天后方能上人，但严禁敲击。

3. 预制水磨石、大理石镶铺

预制水磨石和大理石地面应在顶棚、墙面抹灰完工后进行，其构造如图 5–22 所示。

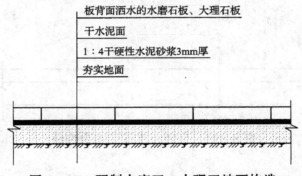

板背面洒水的水磨石板、大理石板

干水泥面

1∶4 干硬性水泥砂浆 3mm 厚

夯实地面

图 5–22　预制水磨石、大理石地面构造

首先，在房间四边取中，在地面标高处拉好十字线，扫一层水泥浆。在铺砖前，板块先浸水润湿，阴干后备用。操作时在十字线交接处铺上 1∶4 干硬性水泥砂浆，厚约 3cm（放在石板高出线 3~5mm）。先进行试铺，待合适后，将石板揭起，用抹子把底层砂浆松动，用小水壶洒水，均匀撒布一层干水泥面，同时在板块背面洒水，正式铺砌。

铺砌时，板块要四周同时下落，并用木锤或橡胶锤敲击平实，注意随时找平找直。铺完第一块向两侧和退步方向顺序铺砌。凡有柱子的大厅，先铺砌柱子与柱子之间的部分。铺砌中发现有空隙（砂浆不满），应将石板掀起用砂浆补实再进行铺装。

预制水磨石地面缝宽不得大于 2mm，大理石地面缝宽不得大于 1mm，安好后应整齐平稳，横竖缝对直，图案颜色应符合设计要求，厕浴间地面则应找好泛水。

板块铺贴后，次日用素水泥浆灌缝 2/3 高度，再用同色水泥浆擦缝，并用锯末和席子覆盖保护，在完工后 2~3 天内严禁上人。

4. 缸砖、水泥砖地面镶铺

在清理好的地面上找好规矩和泛水，扫一道水泥浆，再按地面标高留出缸砖或水泥砖的厚度，并做灰饼。用 1∶(3~4) 干硬性水泥砂浆（砂子为粗砂）冲筋、装档、刮平，厚约 2cm，刮平时砂浆要拍实。

在铺砌缸砖或水泥砖前，应把砖用水浸泡 2～3h，然后取出干后使用。铺贴面层砖前，在找平层上撒一层干水泥面，洒水后随即铺贴。面层铺砌有两种方法：碰缝铺砌法和留缝铺砌法。

（1）碰缝铺砌法。这种铺法不需要挂线找中，从门口往室内铺砌，出现非整块面砖时需进行切割。铺砌后用素水泥浆擦缝，并将面层砂浆清洗干净。

在常温条件下，铺砌 24h 后浇水养护 3～4 天，养护期间不能上人。

（2）留缝铺砌法。根据排砖尺寸挂线，一般从门口或中线开始向两边铺砌，如有镶边，应先铺贴镶边部分。铺贴时，在已铺好的砖上垫好木板，人站在木板上往里铺，铺时先撒水泥干面，横缝用米厘条铺一皮放一根，竖缝根据弹线走齐，随铺随清理干净。

已铺好的面砖用喷壶浇水，在浇水前应进行拍实、找平和找直，次日后用 1：1 的水泥砂浆灌缝。最后清理面砖上的砂浆，如图 5－23 所示。

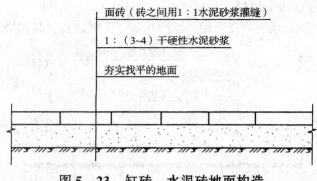

图 5－23 缸砖、水泥砖地面构造

5.6 花饰制作安装

花饰的制品主要有：石膏花饰、水刷石花饰、斩假石花饰和塑料花饰等品种。

花饰是工艺品，但又必须和建筑物本身和谐成一体，并且成为建筑物一部分安装在建筑物某一高度和部位上。实际地观察花饰，其形式和各部分比例尺寸协调一致，就需要将花饰所在部位的房屋结构做出来，可是花饰的预制往往是与房屋结构施工同时进行。为了满足花饰试样的需要先做出一个假结构，其制作要求与真结构的形状、尺寸和标高完全相同，其长短、大小、尺寸可按花饰的尺寸灵活确定，一般以能衬托出花饰所具有的背景为目的。假结构可用木材作骨架和底衬，再在表面抹灰，一般使用石灰砂浆或水泥纸筋砂浆作底层和中层，用纸筋灰罩面。假结构一次用完后稍加修整，就可以重复轮换使用。

5.6.1 花饰的制作

1. 施工准备

（1）材料。普通硅酸盐水泥（强度不小于 42.5）、石膏、纸筋、黏土、石粒、钢筋网、明胶、明矾、油脂等。

（2）工具与机具。装饰抹灰需用工具、塑花板、排笔、刷子、空压机、喷雾器等。

2. 操作要点

（1）制作阳模。

1）刻花：适用于精细、对称、体型小、线条多的花饰图案，常用石膏雕刻制作阳模。

方法：以花饰的最高厚度以及最大的长度、宽度（或直径）浇一块石膏板，然后将花饰的图案用复写纸描印在石膏板上。用钢丝锯锯去不需要和空隙部分，并把它胶合在另一块大小相同的底板上，再修雕成阳模（无底板的花饰只要锯好、修雕即可）。

2）垛花：通常是直接垛在假结构的所在部位上，经修整后，翻制水刷石花饰。

方法：用较稠的纸筋灰按花饰样的轮廓一层一层垛起来（按图放大2%），再用塑花板雕塑而成。主要有四个步骤：

①描印花饰轮廓。在纸筋灰未干时，将花饰图案覆盖在花饰上，用塑花板按图刻画，将纸上花纹全部刻印在抹灰面上。

②搋草坯。用塑花板把纸筋灰（可加点水泥）垛在刻画的花饰表面，逐步加厚，使花饰的基本轮廓呈现出来。

③填花。在草坯上用塑花板进行立体加工，用纸筋灰添枝加叶，后加以修饰使花饰逼真，丰满有力。

④修光。用各种塑花板进行精细加工，使花饰表面光滑，达到逼真、清晰的效果。

3）泥塑：适用于大型花饰。使用质黏、柔软、易光滑的灰褐色黏土。利用泥的塑性，边塑边改。

方法：先将黏土浸水泡软，搋成一块底板，其厚度应与施工图纸中花饰底板厚度相同（也可不搋底板），后将图纸上的花饰图案刻画在泥底板上（无底板的刻在垫板上）。根据花饰形状大小，用泥团塑在底板上，其厚可先塑3/5为宜，后用小泥团慢慢加厚加宽，完成花饰的基本轮廓，后用塑花板消添，修饰成符合要求的泥塑的花饰阳模，但应注意保养，防止干裂。

（2）浇制阴模。制阴模的方法有两种：一种是硬模，适用于水泥砂浆、水刷石、斩假石花饰。另一种是软模，适用于石膏花饰。花饰过大，要分块制作，并需配筋。

由于花饰的花纹具有横突或下垂的勾脚，如卷叶、花瓣等。因此，不易采用整块阴模翻出，必须采取分模法浇制，如图5-24所示。

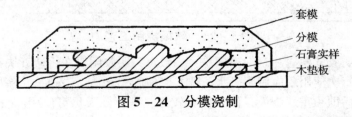

图5-24 分模浇制

1）软模制作：将阳模固定在木底板上，在表面刷上三道虫胶清漆（泡立水），每次刷虫胶清漆必须待前一次干燥后才能进行，刷涂虫胶清漆的目的是为了密封阳模表面，使阳模内的残余水分不致因浇制明胶时受热蒸发而使阴模表面产生细小气孔。虫胶清漆干燥后，再刷上油脂一道（掺煤油的黄油调和油料或植物油均可），然后在周围放挡胶边框，其高度一般较阳模最高面高出 3cm 左右，并将挡胶板刷油脂一道，就可开始浇制明胶阴模。明胶（即树胶，又称桃胶）以淡黄色透明的质量为最好。溶化明胶时，先用明胶:水 =1:1 放在煮胶锅内隔水加热（外层盛水，内层盛胶），加热时要不停地用棒搅拌，使明胶完全溶化成稀薄均匀的粘液体（如藕粉浆状），同时除去表面泡沫加入工业甘油（为明胶重量的 1/8），以增加明胶的拉力和粘性。明胶在 30℃ 左右时开始溶化，当温度达 70℃ 时即可停止加热，从锅内取出稍稍冷却，调匀即可浇模。

浇模时，务必使胶水从花饰边缘徐徐倒入，不能骤然急冲下去。一般 1m² 左右的花饰浇模时间在 15min 左右效果较好。还应注意胶水的温度，温度较高的胶水浇模时要慢，因有热气上升容易使明胶发泡，而使虫胶清漆粘在浇好的阴模上；温度过低会使胶发厚，在花饰细密处不易畅流密实。一般冬季胶水的浇模温度宜控制在 50～60℃，夏季则温度可适当降低。胶模应一次浇完，中间不应有接头，浇同一模子的胶水稠度应均匀一致。阴模的厚度约在该花饰的最高花面以上 5～20mm 为宜，浇得太厚，使翻模不便，也增加了胶的用量，一般在浇胶 8～12h 以后才能翻模，先将挡胶板拆去，并事先考虑好从何处着手翻模不致损伤花饰，如花饰有弯钩成口小内大等情况无法翻模时，可把胶模适当切开。在铸造花饰时，要把切开的几块合并起来加外套固定，即可使用。

用软模浇制花饰时，每次浇制前在模子上需撒上滑石粉或涂上其他无色隔离剂。

当浇较大石膏花饰或立体花饰时，因平模不能浇制，须加做套模，将阳模平放木底板上，用螺栓固定牢靠，在其表面涂刷 2～3 度虫胶清漆，干燥后将纸满盖花饰表面，在纸上满抹和好的大泥，压光抹平，厚约 2cm。待稍干硬后，将石膏浆涂抹在大泥表面，涂抹时根据花饰大小在石膏浆层里加进板条和麻丝加固，待石膏浆硬化后，取出大泥和阳模便成套模。将套模和阳模上的纸和大泥清除干净、修补完整后，涂虫胶清漆 2～3 度，油脂一道，再将套模覆盖在阳模上（中间有 2cm 的缝隙），在底板四周缝隙处用石膏嵌密，以免浇胶时漏胶，如图 5-25 所示。在套模浇口处，用漏斗将明胶浇入模内，直到浇满为止。在胶水完全冷却后将套模翻去，再将胶模翻出用明矾水洗净，然后将胶模放于石膏套模内，即可铸造石膏花饰（软模）。

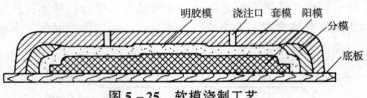

图 5-25　软模浇制工艺

浇制和使用明胶软模应注意的事项是：一般每只明胶阴模在铸造五块花饰后应停止使用 30min 左右，每次使用后应用明矾水清洗，以使胶模光洁、坚硬，并除尽油脂。通常明胶阴模当天使用后即须重新浇模，但如保养较好，则第二天仍可使用。胶模安放需平整，不可歪斜，以免变形。新旧明胶或不同性质的胶不要掺混，否则使胶模脆软发毛，不能进行浇模。炖胶与浇胶要切实做到清洁，无杂物混入胶内，否则会引起胶的变质、变软、霉坏、发毛。炖化明胶加水不可过多，要正确掌握配合比，否则会使阴模变软而易变形。

2) 硬模制作：在阳模上涂一道油脂（起隔离作用），再在各勾脚部分先抹上水泥素浆，分好小块和埋置 8 号铅丝加固，并加以修光抹平（或抹圆），待其收水后，将这些小块（分模）的外露表面涂满油脂，然后放好套模的边框、把手和配筋，在其他部分浇上素水泥浆（水泥为42.5级），使整个花饰花纹高低部分灌满，待稍微收水后，再浇1:2水泥砂浆或细石混凝土（即整体大阴模，又称套模）。一般模子的厚度最少要比花饰的最高点高出2cm，应具有足够的牢度，但也不必过厚，以便在铸造花饰时，操作轻便。大型的阴模要加把手，便于搬运。

待水泥砂浆凝固后取走套模边框，养护3d，待其干硬后，先将套模拿下，再取下小块（分模），编好号，按顺序放在套模内，即成阴模。

阳模取出后，阴模要洗刷干净，油脂要用明矾水清洗，最后检查阴模花纹，如发现表面有缺陷、裂损等，应用素水泥浆修补，并将表面研磨光滑，然后在模子上刷三道虫胶清漆。通常还要进行试翻花饰，检查阴模是否有障碍，尺寸形状是否符合设计图纸要求。试翻成功后，方可正式进行翻制。

初次使用硬模时，需让硬模吸足油分。每次浇制花饰时，模子上需涂刷掺煤油的稀机油。

（3）浇制花饰制品。

1）水泥砂浆花饰。将配好的钢筋放入硬模内，再将1:2水泥砂浆（干硬性）或1:1的水泥石粒浆倒入硬模内进行捣固，待花饰干硬至用手按稍有指纹但又不觉下陷时，即可脱模。脱模时将花饰底面刮平带毛，翻倒在平整处，脱模后应即时检查花纹并进行修整，再用排笔轻刷，使表面颜色均匀。

2）水刷石花饰。水刷石花饰铸造宜用硬模。将阴模表面清刷干净，然后刷油不少于3遍，做水刷石花饰用的水泥石子浆稠度须干些，用标准圆锥体砂浆稠度器测定，稠度以5~6cm为宜，配合比为1:1.5（水泥:色石屑）。为了使产品表面光滑，避免因石子浆和易性较差发生砂浆松散或形成孔隙不实等缺点，铸造时可将石子浆放于托灰板上用铁皮先行抹平，如图5-26所示，然后将石子浆的抹平面向阴模内壁面覆盖，再用铁皮按花纹结构形状往返抹压几遍，并用木锤轻敲底板，使石子浆内所含的气泡排出，密实地填满在模壁凹纹内。石子浆的厚度以10~12mm为合适，但不得小于8mm，然后再用1:3干硬性水泥砂浆作填充料按阴模高度抹平，花饰厚度不大的饰件可全用石子浆铸造。

图5-26 水刷石花饰制作

为了便于快速脱模，在抹填全部砂浆后，可用干水泥撒在表面吸水，直至砂浆成干硬状，即用手指按无塌陷、不泛水为止，然后再抹压一遍，并将表面划毛，以增强花饰件在安装时的粘结性能。

高度较大且口径较小的花饰，用铁皮无法抹刮时，可采用抽芯的方法。即在阴模内先做一个比阴模周边小 2cm 的铁皮内芯，然后将石粒浆从内芯与阴模相隔的 2cm 缝隙中灌注，捣固密实后，立即在内芯中灌满干水泥，同时将铁皮内芯抽出，这样不但可防止石子下坠损坏花饰，同时也起到吸水作用。然后将多余的干水泥取出，并用干硬性水泥砂浆或细石混凝土填心，填心时要用木锤夯打。根据花饰厚薄及大小，在中间均匀放置 $\phi 6 \sim 8$ 的钢筋或 8 号铅丝、竹条等加固。

体积较重的花饰，由于安装时须采用铁脚，所以在铸造花饰时应预留孔洞，一般在填心料捣至厚度一半左右时，在花饰背面按设计尺寸放置木榫，然后继续浇捣至模口平，用铁板压实抹平，稍有收水后拨出木榫，即为铁脚的预留孔，用铁皮修整后，将花饰背面划毛。待其收水后，即可将花饰翻出，翻倒在平整的底板上。

翻模时，先将底板覆盖在花饰背面，底板要与花饰背面紧贴，然后翻身，并稍加振动，花饰即可顺利翻脱。弯形的花饰翻在底板上后，要用木条钉在底板两端，将弯形下口卡住。分块的硬模在翻模时，应先取下外套，然后将小块模（分模）按顺序取下。刚翻出的花饰表面如有残缺不齐、孔眼或裂缝等现象，应随即用小铁皮修补完整，并用软刷在修补处蘸水轻刷，使表面整齐。

花饰翻出后，硬模应立即刷洗干净，并刷油一遍，方可继续铸造花饰。

花饰翻出后，用手按其表面无凹印，即可用喷雾器或棕刷清洗。

清洗时，先用棕刷蘸水将花饰表面洗刷一遍，将表面水泥浆刷去，再用喷雾器喷洗，开始时水势要小，先将凹处喷洗干净，使石子颗粒露出。

为了使清洗的水能自行排泄，一般应将花饰的一端垫高，如图 5-27 所示。较厚的花饰，如垫高一端会发生花饰变形，则在翻花饰时在其底部预留排水孔洞。

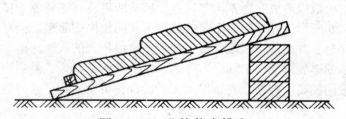

图 5-27　花饰垫高排水

清洗后的花饰需用软刷蘸清水将表面刷净，使石子显露出来，尤其要注意勾脚和细密处，做到清晰一致。花饰要符合原模式样，表面平整，无裂缝及残缺不齐等现象。

花饰要放置平稳，不得振动或碰撞。待养护达到一定强度后，方可轻敲底边，使其松动取下。

花饰的堆放要视其形状确定，一般不得堆叠，以免花饰碎裂。冬期施工时，花饰贮存的环境温度应在 0℃ 以上，防止花饰受冻。

3）石膏花饰。石膏花饰的铸造一般采用明胶阴模。

先在明胶阴模的花饰表面刷上一道无色纯净的油脂。油脂涂刷要均匀，不得有漏刷或油脂过厚现象，特别要注意的是，在花饰细密处，不能让油脂聚积在阴模的低凹处，这样，易使浇制后的花饰产生孔眼。涂刷油脂起到隔离层作用。

将刷好油脂的明胶阴模安放在一块稍大的木板上。

准备好铸造花饰的石膏粉和麻丝、木板条、竹片等。麻丝须洁白柔韧,木板条和竹片应洁净、无杂物、无弯曲,使用前应先用水浸湿。

然后将石膏粉加水调成石膏浆。石膏浆的配合比视石膏粉的性质而定,一般为石膏粉:水=1:0.6~0.8(重量比)。拌制时宜用竹丝帚在桶内不停地搅动,使拌制的石膏浆无块粒、稠度均匀一致为止。竹丝帚使用后,应拍打清洗干净,以免有残余凝结的石膏浆在下次搅动时混入浆内,影响质量。

石膏浆拌好后,应随即倒入胶模内。当浇入模内约2/3的用量后,先将木底板轻轻振动,使花饰细密处的石膏浆密实。然后根据花饰的大小、形状和厚薄情况均匀地埋设木板条、竹片和麻丝加固(切不可放置钢筋、铅丝或其他铁件,以防生锈返黄),使花饰在运输和安装时不易断裂或脱落。圆形及不规则的花饰放入麻丝时,可不考虑方向;有弧度的花饰,木板条可根据其形状分段放置。放置时动作要快。放好后,再继续浇筑剩余部分的石膏浆至与模口平,并用直尺刮平,如图5-28所示。待其稍硬后,将背面用刀划毛,使花饰安装时容易与基层粘结牢固。

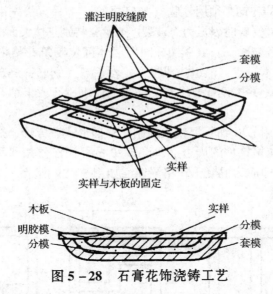

图5-28 石膏花饰浇铸工艺

石膏浆浇筑后的翻模时间应视石膏粉的质量、结硬的快慢、花饰的大小及厚度确定,一般控制在5~10min,习惯是用手摸略感有热度时,即可翻模。翻模的时间要掌握准确,因为石膏浆凝结时产生热量,其温度在33℃左右。如果翻模时间过长,胶膜容易受热变形,影响胶膜周转使用;时间过短,石膏尚未达到一定强度,翻出的成品也容易发生碎裂现象。

翻模前,要考虑从何处着手起翻最方便,不致损坏花饰。起翻时应顺花饰的花纹方向操作,不可倒翻,用力要均匀。

刚翻好的花饰应平放在与花饰底形相同的木底板上。如发现花饰有麻眼、不齐、花饰图案不清及凸出不平等现象,须用工具修嵌或用毛笔蘸石膏浆修补好,直到花饰清晰、完整、表面光洁为止。

翻好的花饰要编号并注明安装位置，按花饰的形状放置平稳、整齐，不得堆叠。贮藏的地方要干燥通风，要离地面300mm以上架空堆放。

冬季浇制和放置花饰要注意保温，防止受冻。

4）斩假石（剁斧石）花饰。斩假石花饰的铸造方法基本与水刷石花饰相同。铸造后的花饰约经一周以上的养护，并具有足够的强度后，即可开始斩剁。

斩假石花饰的斩剁方法根据制品的不同构造和安装部位可分为以下两种：

①块件造型简单，饰件数量较大，一般采用先安装后斩剁的方法。这种方法可以避免安装后增加大量的修补和清洗工作。

②花饰造型细致、艺术性要求较高的饰件，采取先斩剁后安装的方法。这是因为便于按饰件花纹不同伸延卷曲的方向和设计刃纹的要求进行操作，既能提高工效，又能确保质量。但安装时应注意采取成品保护措施。

斩剁时，要随花纹的形状和延伸的方向剁凿成不同的刃纹，在花饰周围的平面上应斩剁成垂直纹，四边应斩剁成横平竖直的圈边，这才能使刃纹细致清楚，底板与花饰能清晰醒目。

采取先斩剁后安装的花饰必须用软物（如麻袋等）垫平，并先用金刚石将饰件周围边棱磨成圆角，以避免饰件受斩时因振力而破裂、崩落，特别是体大面薄的饰件，更应注意。

5）预制混凝土花格饰件。一般在楼梯间等墙体部位砌筑花格窗用。其制作方法是按花格的设计要求，采用木模或钢模组拼成模型，然后放入钢筋，浇筑混凝土。待花格混凝土达到一定强度后脱模，并按设计要求在花格表面做水刷石或干粘石面层，继续养护至可砌筑强度。

混凝土花格饰件采用C20细石混凝土预制，立面形式有方形、矩形、多角形等，边长一般为300～400mm。花格饰件的周边上留设 ϕ20 的孔洞以便相邻两花格饰件连接，把若干个花格饰件组合起来即成为混凝土花格漏窗，如图5－29所示。

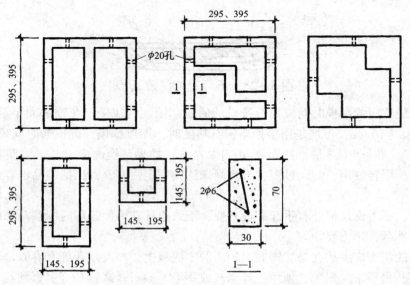

图5－29　混凝土花格饰件示例

预制混凝土花格饰件应采用1:2.5水泥砂浆砌筑。相邻两花格饰件间应对准孔洞，在孔洞中插入φ8钢筋，并用1:3水泥砂浆灌实孔洞中的空隙。花格饰件与墙体连接应先在墙体打φ20的墙洞，在墙洞内灌入1:3水泥砂浆，花格饰件砌上后，用φ8钢筋穿过花格饰件上孔洞，插入墙洞内水泥砂浆层中，再用1:3水泥砂浆灌实钢筋与饰件上孔洞之间的空隙，如图5-30所示。

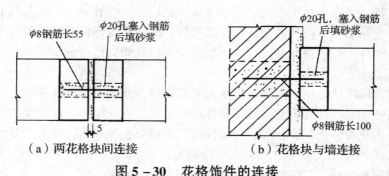

（a）两花格块间连接　　　（b）花格块与墙连接

图 5 - 30　花格饰件的连接

5.6.2　花饰的安装

花饰的安装方法一般有三种：粘贴法、木螺丝固定法、螺栓固定法。

1. 粘贴法

一般适用于重量轻的小型花饰安装。具体操作方法如下：

（1）首先在基层面上刮一道水泥浆，厚度为2～3mm。

（2）将花饰背面稍洒水湿润，然后在花饰背面涂上水泥砂浆，也可用聚合物水泥砂浆，如果石膏花饰可在背面涂石膏浆或水泥浆粘贴。

（3）与基层紧贴后，再用支撑进行临时固定，然后修整接缝和清除周边余浆。

（4）待水泥砂浆或石膏达到一定强度后，将临时支撑拆除掉。

2. 木螺丝固定法

适用于重量较大、体型稍大的花饰。具体操作方法如下：

（1）与粘贴方法相同，只是在安装时把花饰上的预留孔洞对准预埋木砖，然后再拧紧铜丝或镀锌螺丝（不宜过紧），如图5-31所示。如果是石膏花饰在其背面需涂石膏浆粘贴。

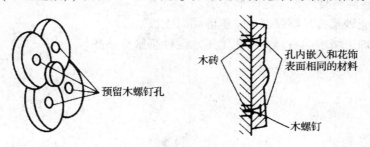

图 5 - 31　木螺钉固定

（2）安装后再用1:1水泥砂浆或水泥浆把螺丝孔眼堵严，表面用花饰一样的材料修补平整，不露痕迹（如是石膏花饰就需用石膏浆来修补螺丝孔眼）。

（3）花饰如果安装在顶棚上，应将顶棚上预埋铜丝与花饰上的铜丝连拉牢固。其他的同前要求。

3. 螺栓固定法

适用于重量大的大型花饰。具体操作方法如下：

（1）将花饰预留孔对准基层预埋螺栓。

塑料膨胀螺栓固定法适用于安装轻型水泥类花饰件。安装时，先在基面上找出装饰件的固定点，用电钻钻孔，在孔内塞进塑料膨胀管，而后将花饰件对准位置与基面贴合，用木螺钉穿过装饰件上的预留孔洞，拧紧于膨胀管内，孔洞口用同色水泥砂浆（或水泥石子浆）填补密实。

钢膨胀螺栓固定法适用于安装重型水泥类花饰件。安装时，先在基面上找出装饰件的固定点，用电钻钻孔，在孔内塞进钢膨胀螺栓杆，而后将花饰件对准位置与基面贴合，使膨胀螺栓杆进入花饰件上预留孔洞，在螺栓杆上套进垫板及螺帽，逐步拧紧螺帽即可。孔洞口用同色水泥砂浆（或水泥石子浆）填补密实。

以上各种安装方法，装饰件固定点剖面如图 5-32 所示。

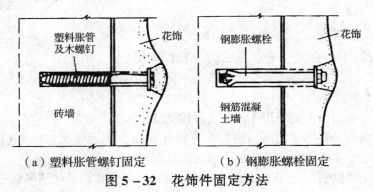

（a）塑料胀管螺钉固定　　　（b）钢膨胀螺栓固定

图 5-32　花饰件固定方法

（2）按花饰与基层表面的缝隙尺寸用螺母及垫块固定，并进行临时支撑，当螺栓与预留孔位置对不上时，应采取绑扎钢筋或用焊接的补救办法来解决。

（3）花饰临时固定后，将花饰与墙面之间的缝隙和底面用石膏堵严。

（4）用 1:2 水泥砂浆分层进行灌筑，每次灌筑高度 10cm 左右，并随即用竹片插捣密实，每次水泥砂浆终凝后，才能浇上一层。

（5）待水泥砂浆有足够强度后，拆除临时支撑。

（6）清理周边堵缝的石膏，再用 1:1 水泥砂浆修补整齐。

6 季节性施工与安全防护

6.1 抹灰工程季节性施工

6.1.1 冬期施工

我国地域宽广，幅员辽阔，四季温差较大，在北方，全年的最高温差大约为70℃以上，负温度时间延续近5个月之久。规范规定：当预计连续五天平均气温稳定低于5℃或当日气温低于-3℃时，抹灰工程就要按冬期施工措施进行。抹灰工程的冬期施工依据气温的高低和工程项目的具体情况，可采用冷作法和热作法两种施工方法。

1. 冬期施工的准备

（1）热源的准备。

1）热源准备应根据工程量的大小、施工方法及现场条件确定。一般室内抹灰应采用热作法，有条件的可使用正式工程的采暖设施，条件不具备时，可设带烟囱的火炉。

2）抹灰量较大的工程可用立式锅炉烧蒸汽或热水，用蒸汽加热砂子，用热水搅拌砂浆。抹灰量较小的工程可砌筑临时炉灶烧热水，砌筑火炕加热砂子或用铁板炒砂子。

3）砂浆搅拌机和纸筋灰搅拌机应设在采暖保温的棚内。

（2）材料及工具的准备。

1）根据抹灰工作量准备好冷作法用的氯化钠、氯化钙及其他抗冻剂。每个搅拌机前应准备好溶化配制和盛放化学附加剂的大桶，每种抗冻剂都应准备溶化、稀释、存放的大桶各一个。

2）将最高最低温度计悬挂在室外测温箱内和每个楼层北面房间地面以上50cm处，并要准备好测量浓化学附加剂溶液比重用的比重计。

3）准备好运砂浆的保温车和盛装砂浆的保温槽。砂浆保温车可用运砂浆手推车用草帘子等保温材料围裹改装，保温槽用普通槽围裹两层草帘子改装。

4）室外装饰工程施工前还应随外架搭设，在西、北面应加设挡风措施。

（3）保温方法。

1）在进行室内抹灰前，应将门口和窗口封好，门口和窗口的边缘及外墙脚手眼或孔洞等也应堵好，施工洞口、运料口及楼梯间等处应封闭保温，北面房间距地面以上50cm处最低温度不应低于5℃。

2）进入室内的过道门口，垂直运输门式架、井架等上料洞口要挂上用草帘或麻袋等制成的厚实的防风门窗，并应设置风挡。

3）现场供水管应埋设在冰冻线以下，立管露出地面的要采取防冻保温措施。

4）淋石灰池、纸筋灰池要搭设暖棚，向阳面留出入口但要挂保温门帘。砂子要尽量堆高并加以覆盖。

（4）砂浆拌制和运输。

1）为了在冬期施工中使用热砂浆，应将水和砂加热。掺有水泥的抹灰砂浆用水水温不得超过80℃，砂子的温度不得超过40℃。如果水温超过了规定温度，应将水与砂子先进行搅拌，然后再加入水泥搅拌，以防止水泥出现假凝现象。

2）砂子可用蒸汽排管或用火炕加热，也可将蒸汽管插入砂子堆内直接送气或用铁板加火炒砂子，在直接通气时需要注意砂子含水率的变化。炒砂子时要勤翻，要控制好温度，防止砂子爆裂。当采用蒸汽排管或火炕加热时，可在砂上浇一些温水（加水量不超过5%），以防冷热不匀，且可以加快加热速度。

水的加热方法是：有供气条件的可将蒸汽管直接通入水箱内，无条件的也可用铁桶、铁锅烧水。

3）水和砂子的温度应经常检查，每小时不少于一次。温度计停留在砂子内的时间不少于3min，停留在水内的时间不少于1min。

4）冬期施工搅拌砂浆的时间应适当延长，一般自投料完算起，应搅拌2~3min。

5）要尽可能地采取相应措施，以减少砂浆在搅拌、运输、储放过程中的温度损失。方法是：砂浆搅拌应在搅拌棚中集中进行，并应在运输中保温，环境温度不应低于5℃。砂浆要随用随拌，不可储存和二次倒运，以防砂浆冻结。

2. 抹灰工程热作法施工

（1）热作法施工原理。低气温对抹灰工程的影响主要是砂浆在其获得要求强度以前遭受冻结。冬期施工中砂浆在硬化以前受昼夜温差变化的影响较大，负温时，砂浆冻结，内部的水分固结成冰，致使体积膨胀，当膨胀力大于砂浆本身的粘结力时，抹灰层开始遭到破坏。白天气温回升，冻结的砂浆又融化，变成疏松状态，如此冻融循环的结果是使砂浆逐渐丧失粘结力，最终产生抹灰层脱落现象。另外，操作时如砂浆已遭冻结必将失去塑性，而无法进行施工。

抹灰工程冬期施工主要是解决砂浆在获得要求强度之前遭受冻结的问题。所以，提高操作时的环境温度，即热作法施工，是一种主要的施工方法。通常用于室内抹灰或饰面安装及有特殊要求的室外抹灰。

热作法施工是指使用热砂浆抹灰后，利用房屋的永久热源或临时热源来提高和保持操作环境温度，使抹灰砂浆硬化和固结的一种操作方法。

（2）热作法施工的具体操作方法。热作法施工的具体操作方法与常温施工基本相同，但当采用带烟囱的火炉进行施工时，必须注意防止墙面烤裂或变色，而且要求室内温度不宜过高，一般可控制在10℃左右。当采用热空气采暖时，应设通风设备排除室内湿气，但无论采取什么保温措施，都应防止干湿不均匀和过度烘热。

（3）热作法施工的注意事项。

1）用冻结法砌筑的墙，室外抹灰应待其完全解冻后施工；室内抹灰应待抹灰的一面解冻深度不小于墙厚的一半时施工。不得采用热水冲刷冻结的墙面或用热水消除墙面的冰霜。

2）用掺盐砂浆法砌筑的砌体也应提前采暖预热，使墙面温度保持在5℃以上，以便湿润墙面时不致结冰，使砂浆与墙面粘结牢固。

3）应设专人测温，室内的环境温度以地面以上50cm处为准。

4）冬期室内装饰施工可采用建筑物正式热源、临时性管道或火炉、电气取暖。若采用火炉取暖，应采取预防煤气中毒的措施，防止烟气污染，并应在火炉上方吊挂铁板，使煤火热度分散。

5）室内抹灰的养护温度不应低于5℃。水泥砂浆层应在潮湿的条件下养护，并应通风换气，室内贴壁纸，施工地点温度不应低于5℃。

6）室内抹灰工程结束后，在7d以内应保持室内温度不低于5℃。

3. 抹灰工程冷作法施工

（1）冷作法施工原理。冷作法施工是指在抹灰用的水泥砂浆或水泥混合砂浆中掺入化学外加剂（如氯化钠、氯化钙、亚硝酸钠、漂白粉等），以降低抹灰砂浆的冰点的一种施工方法。

砂浆中的砂子和干燥的水泥不受温度影响，而水对温度的反应是敏感的，但只要有液态水存在，砂浆中水泥的水化反应就可以正常进行。各种抗冻剂均有自己的最大共熔点温度，如氯化钠的最大浓度为23.1%时，冰点温度则为 −21.1℃；当浓度为9.6%时，冰点则为 −6.4℃。当砂浆虽处于溶液冰点以下，其中部分毛细管水结冰，但还有部分毛细管水仍处于液态，所以尽管抗冻外加剂掺量不大，砂浆仍可以在较低的温度下继续进行水化反应，并能获得一定强度。

冷作法抹灰，只要保证在抹灰操作时不冻，抹完以后即使受冻，砂浆强度有所降低，也不会影响最终强度的增长，不至于影响抹灰砂浆与基层的粘结。但由于掺氯盐在气温回升时会出现析盐现象，从而增加了砂浆的导电性，破坏涂料与抹灰层的粘结性能，所以冷作法主要用于不刷涂料或色浆的房屋外部抹灰工程以及室内不刷涂料的水泥砂浆抹灰等，在发电厂、变电站及一些高级建筑中不能采用。

（2）冷作法的施工方法。冷作法施工时，应采用水泥砂浆或水泥混合砂浆。砂浆强度等级不应低于 M2.5，并在拌制砂浆时掺入化学外加剂。施工用砂浆配合比和化学外加剂的掺量应按设计的要求，通过试验确定。

1）砂浆中掺氯化钠（食盐）应根据当天的室外气温来确定，掺量应符合表6−1的规定。氯化钠的掺入量是按砂浆的总含水量百分数计算的，其中包括石灰膏和砂的含水量，搅拌砂浆时的加水量应从配合比中减去石灰膏和砂的含水量，相应地要把加入水中氯化钠的浓度提高。其中石灰膏的含水率应按其稠度进行测量，见表6−2。

表6−1 砂浆内氯化钠掺量（占用水重量的百分数）

项　目	室外气温（℃）	
	0 ~ −5	−5 ~ −10
挑檐、阳台、雨罩、墙面等抹水泥砂浆	4	4 ~ 8
墙面为水刷石、干粘石水泥砂浆	5	5 ~ 10

表 6-2　石灰膏稠度与含水率的关系

石灰膏稠度（cm）	含水率（%）
1	32
2	34
3	36
4	38
5	40
6	42
7	44
8	46
9	48
10	50
11	52
12	54
13	56

工地应设专人提前两天用冷水配制氯化钠溶液，方法是先在大桶中配制 20% 浓度的氯化钠溶液，在另外的大桶中放入清水，搅拌砂浆前，在盛有清水的桶中加入适量浓溶液，稀释成所需浓度，测定浓度可用比重计先测定出溶液的密度，再依密度与浓度的关系和所需浓度兑出所需密度值的溶液。密度与浓度的关系见表 6-3。

表 6-3　密度与浓度的关系

浓度（%）	密度（g/cm³）
1	1.005
2	1.013
3	1.020
4	1.027
5	1.034
6	1.041
7	1.049
8	1.056
9	1.063
10	1.071
11	1.078
12	1.086
25	1.189

施工中应注意：氯化钠水溶液可掺入硅酸盐水泥、普通硅酸盐水泥、矿渣硅酸盐水泥中，但不得掺入高铝水泥中。

2）氯化砂浆可用于气温在 - 10 ~ 25℃ 的急需工程，调制氯化砂浆水温不得超过 35℃，漂白粉按比例掺入水内，随即搅拌溶化，加盖沉淀 1 ~ 2h 后使用。漂白粉掺入量与温度的关系见表 6 - 4。当室外的温度低于 - 26℃ 时不得施工，氯化砂浆的使用温度与室外温度关系见表 6 - 5。

表 6 - 4　漂白粉掺入量与温度的关系

室外温度（℃）	每 100kg 水中加漂白粉（kg）	氯化水溶液密度（g/cm³）
- 10 ~ - 12	9	1.05
- 13 ~ - 15	12	1.06
- 16 ~ - 18	15	1.07
- 19 ~ - 21	18	1.08
- 22 ~ - 25	21	1.09

表 6 - 5　氯化砂浆使用温度与室外温度的关系

室外气温（℃）	搅拌后的氯化砂浆温度（℃）	
	无风天气	有风天气
0 ~ - 10	+10	+15
- 11 ~ - 20	+15 ~ +20	+25
- 21 ~ - 25	+20 ~ +25	+30
- 26 以下	不得施工	不得施工

施工中应注意：氯化砂浆搅拌时是先将水和溶液拌和。如用混合砂浆时，石灰用量不得超过水泥重量的 1/2。氯化砂浆应随拌随用，不可停放。

3）砂浆掺亚硝酸钠。亚硝酸钠有一定的抗冻阻锈作用，析盐现象也很轻微。在水泥砂浆、混合砂浆中亚硝酸钠掺入量与室外温度的关系见表 6 - 6。

表 6 - 6　亚硝酸钠掺入量与室外温度的关系

室外气温（℃）	掺量（占水泥重量的百分数）
0 ~ - 3	1
- 4 ~ - 9	3
- 10 ~ - 15	5
- 16 ~ - 20	8

施工时如基层表面有霜、雪、冰，要用热氯化钠溶液进行刷洗，待基层溶化后方可施工，用于室外抹水泥砂浆、干粘石、水刷石等。

（3）冷作法施工的注意事项。

1）冷作法施工时，抹灰基层表面如有冰、霜、雪时，可采用与抹灰砂浆同浓度的防冻剂溶液冲刷，并应清除表面的尘土。

2）当施工要求分层抹灰时，底层灰不得受冻。抹灰砂浆在硬化初期应采取防止受冻的保温措施。

3）防冻剂应由专人配制和使用，配制时可先配制 20% 浓度的标准溶液，然后根据气温再配制成使用浓度溶液。

4）含氯盐的防冻剂不得用于高压电源部位和有油漆墙面的水泥砂浆基层内。

4. 饰面工程冬期施工要点

（1）冬期室内饰面工程施工可采用热空气或带烟囱的火炉取暖，并应设有通风、排湿装置。室外饰面工程宜采用暖棚法施工，棚内温度不应低于 5℃，并按常温施工方法操作。

（2）饰面板就位固定后，用 1∶2.5 水泥砂浆灌浆，保温养护时间不少于 7d。

（3）冬期施工外墙饰面石材应根据当地气温条件及吸水率要求选材。安装前可根据块材大小在结构施工时预埋设一定数量的锚固件。采用螺栓固定的干作业法施工，锚固螺栓应做防水、防锈处理。

（4）釉面砖及外墙面砖在冬期施工时宜在 2% 盐水中浸泡 2h，并晾干后方可使用。

6.1.2 夏季施工

在高温、炎热、干燥、多风的夏季进行抹灰、饰面工程的施工，常常会出现抹灰砂浆脱水，抹灰和饰面镶贴的基层脱离的现象，使砂浆中水泥未能很好地进行水化反应就失去水分，砂浆无法产生强度，严重地影响抹灰和饰面镶贴的质量，其主要原因是由于砂浆中的水分在干热的气温下急剧地被蒸发或被基层吸掉所致。为防止上述现象的发生，要调整抹灰砂浆配合比，提高砂浆的保水性、和易性，必须采取下列相应措施：

（1）拌制砂浆时，可根据需要适当掺入外加剂，而且砂浆要随拌随用，不得一次拌得太多，以免剩余砂浆过早干硬，造成浪费。

（2）控制好各层砂浆的抹灰间隔时间，若发现前一层过于干燥，应提前洒水湿润，然后抹第二层灰。

（3）按操作工艺要点要求，将湿润阴干好的饰面板或砖及时进行镶贴或安装。

（4）对于提前浇水湿润的基层，在气候炎热而又过于干燥时，必须再适当浇水湿润，并及时进行抹灰和饰面作业。

（5）进行室外抹灰及饰面作业时，应采取措施遮阳，防止暴晒，同时还要加强养护工作，以保证工程质量。

6.1.3 雨季施工

雨季施工时，砂浆和饰面板（砖）淋雨后，使砂浆变稀，饰面板（砖）表面形成水膜，在这种情况下进行抹灰和饰面施工作业，就会发生粘结不牢和饰面板（砖）浮滑下坠等质量事故。因此必须采取相应的防雨措施：

（1）合理安排施工计划，精心组织抹灰工程的工序搭接，如晴天进行外部抹灰装饰，雨天进行室内施工等。

（2）所有的材料应采取防潮、防雨措施。水泥库房应封严，不能有渗水、漏水，注意随用随进料，运输中注意防水、防潮。砂浆运输注意防水，拌和砂浆时要较晴天的稠度小一些。砂子堆放在地势较高处，以免大雨冲走造成浪费。

（3）饰面板（砖）放在室内或搭棚堆放，麻刀、纸筋等松散材料不可受潮，保持其干燥、膨松状态。

总之，抹灰工程施工应加强调度，及时了解气象信息，精心安排，以确保抹灰工程季节施工的质量。

6.2　质量验收及通病防治

6.2.1　一般抹灰工程

1. 质量验收

（1）主控项目。

1）抹灰前基层表面的尘土、污垢、油渍等应清除干净，并应洒水润湿。

检验方法：检查施工记录。

2）一般抹灰所用材料的品种和性能应符合设计要求。水泥的凝结时间和安定性复验应合格。砂浆的配合比应符合设计要求。

检验方法：检查产品合格证书、进场验收记录、复验报告和施工记录。

3）抹灰工程应分层进行。当抹灰总厚度大于或等于35mm时，应采取加强措施。不同材料基体交接处表面的抹灰应采取防止开裂的加强措施，当采用加强网时，加强网与各基体的搭接宽度不应小于100mm。

检验方法：检查隐蔽工程验收记录和施工记录。

4）抹灰层与基层之间及各抹灰层之间应粘结牢固，抹灰层应无脱层、空鼓，面层应无爆灰和裂缝。

检验方法：观察、用小锤轻击检查、检查施工记录。

（2）一般项目。

1）一般抹灰工程的表面质量应符合下列规定：

①普通抹灰表面应光滑、洁净、接槎平整，分格缝应清晰。

②高级抹灰表面应光滑、洁净、颜色均匀、无抹纹，分格缝和灰线应清晰美观。

检验方法：观察、手摸检查。

2）护角、孔洞、槽、盒周围的抹灰表面应整齐、光滑，管道后面的抹灰表面应平整。

检验方法：观察。

3）抹灰层的总厚度应符合设计要求，水泥砂浆不得抹在石灰砂浆层上，罩面石膏灰不得抹在水泥砂浆层上。

检验方法：检查施工记录。

4）抹灰分格缝的设置应符合设计要求，宽度和深度应均匀，表面应光滑，棱角应整齐。

检验方法：观察、尺量检查。

5）有排水要求的部位应做滴水线（槽）。滴水线（槽）应整齐顺直，滴水线应内高外低，滴水槽宽度和深度均不应小于10mm。

检验方法：观察、尺量检查。

6）一般抹灰工程质量的允许偏差和检验方法应符合表6-7的规定。

表 6-7　一般抹灰的允许偏差和检验方法

项次	项　目	允许偏差（mm）		检验方法
		普通抹灰	高级抹灰	
1	立面垂直度	4	3	用 2m 垂直检测尺检查
2	表面平整度	4	3	用 2m 靠尺和塞尺检查
3	阴阳角方正	4	3	用直角检测尺检查
4	分格条（缝）直线度	4	3	拉 5m 线，不足 5m 拉通线，用钢直尺检查
5	墙裙、勒脚上口直线度	4	3	拉 5m 线，不足 5m 拉通线，用钢直尺检查

注：1　普通抹灰，本表第 3 项阴角方正可不检查。

　　2　顶棚抹灰，本表第 2 项表面平整度可不检查，但应平顺。

2. 质量通病及防治

一般抹灰工程质量通病及其防治见表 6-8。

表 6-8　一般抹灰工程质量通病及其防治

现　象	原因分析	预防措施
墙面基层抹灰处出现空鼓和裂缝	1）墙与门窗框交接处塞缝不严 2）踢脚板与上面石灰砂浆抹灰处出现裂缝 3）基层处理不当，造成抹灰层与基层粘结不牢 	1）墙与门窗框交接可用水泥石灰加麻刀的砂浆塞严再抹灰的方法防治连接处裂缝问题 2）在踢脚板上口宜先做踢脚板，后抹墙面方法，特别注意不能把水泥砂浆抹在石灰砂浆上面 3）抹灰前应将基层表面的尘土、污垢、油等清除干净，并应洒水湿润。一般应浇两遍水
抹灰面层起泡、有抹纹、开花	1）抹完罩面灰后，压光跟得太紧，灰浆没有收水，故产生起泡 2）底层灰太干燥、没有浇水，压光容易起抹纹 3）石灰膏陈伏期太短，过火灰颗粒没熟化，抹后体积膨胀，出现爆裂、开花现象 	1）用水泥砂浆和水泥混合砂浆抹灰时，应待前一抹灰层凝结后方可抹后一层；用石灰砂浆抹灰时，应待前一抹灰层七八成干后方可抹后一层 2）底层灰抹完后，要在干燥后洒水湿润再抹面层 3）罩面石灰膏熟化期不应小于 30d，使过火灰颗粒充分熟化

续表 6-8

现　象	原 因 分 析	预 防 措 施
抹灰面层不平，阴阳角不垂直，踢脚板上口与墙厚不一致	1）抹灰前找规矩、抹灰饼不严格、不认真 2）踢脚板与墙面冲筋不交圈 3）阴阳角处冲筋位置不对，没拉线找直找方	1）抹灰前挂线、做灰饼、冲筋要认真严格按操作工艺要求做 2）踢脚板与墙面一起拉线，找直找方 3）在阴角、阳角处要用方尺和托线板找方、找平直，要使砂浆稠度小一些，阴阳角器上下拉动直到平直为止
地面起砂、起粉	1）水泥砂浆拌和物的水灰比过大 2）不了解或错过了水泥的初凝时间，致使压光时间过早或过迟 3）养护措施不当，养护开始时间过早或养护天数不够 4）地面尚未达到规定的强度，过早上人 5）原材料不合要求，水泥品种或强度等级不够或受潮失效等，还有砂子粒径过细，含泥量超标 6）冬期施工没有采取防冻措施，使水泥砂浆早期受冻 	1）严格控制水灰比 2）掌握水泥的初、终凝时间，把握压光时机 3）遵守洒水养护的措施和养护时间 4）建立制度、安排好施工流向，避免地面过早上人 5）冬期采取技术措施，一是要使砂浆在正温下达到临界强度 6）严格进场材料检查，并对水泥的凝结时间和安定性进行复验。强调砂子应为中砂，含泥量不大于3%
地面空鼓、裂缝	1）基层清理不干净，仍有浮灰、浆膜或其他污物 2）基层浇水不足、过于干燥 3）结合层涂刷过早，早已风干硬结 4）基层不平，造成局部砂浆厚薄不均，收缩不一 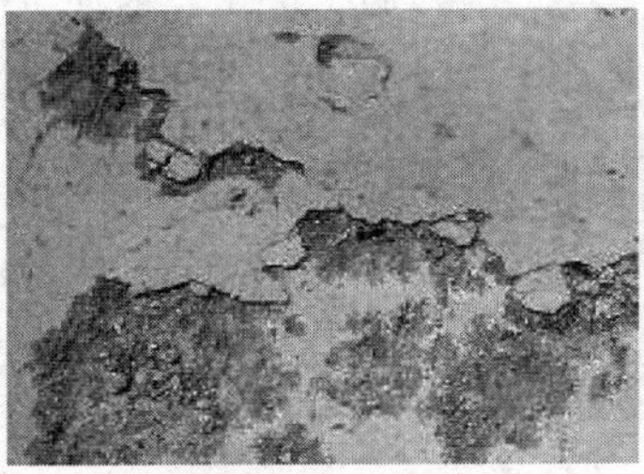	1）基层处理经过严格检查方可开始下一道工序 2）结合层水泥浆强调随涂随铺砂浆 3）保证垫层平整度和铺抹砂浆的厚度均匀

续表 6 – 8

现　象	原 因 分 析	预 防 措 施
踏步宽度和高度不一	1）结构施工阶段踏步的高、宽尺寸偏差较大，抹面层灰时，又未认真弹线纠正，而是随高就低地进行抹面 2）虽然弹了斜坡标准线，但没有注意将踏步高和宽等分一致，所以尽管所有踏步的阳角都落在所弹的踏步斜坡标准线上，但踏级的宽度和高度仍然不一致	1）加强楼梯踏步结构施工的复尺检查工作。使踏步的高度和宽度尽可能一致，偏差控制在 ± 10mm 以内 2）抹踏步面层灰前，应根据平台标高和楼面标高先在侧面墙上弹一道踏步斜坡标准线，然后根据踏级步数将斜级等分，这样斜线上的等分点即为踏级的阳角位置，也可根据斜线上各点的位置、抹前对踏步进行恰当修正 3）对于不靠墙的独立楼梯，如无法弹线，可在抹面前在两边上下拉线进行抹面操作，必要时做出样板，以确保踏步高、宽尺寸一致
踏步阳角处裂缝、脱落	1）踏步抹面时，基层较干燥，使砂浆失水过快，影响了砂浆的强度增长，造成日后的质量隐患 2）基层处理不干净，表面污垢、油渍等杂物起到隔离作用，降低了粘结力 3）抹面砂浆过稀，抹在踢面上砂浆产生自坠现象，特别是当砂浆过厚时，削弱了与基层的粘结效果，成为裂缝、空鼓和脱落的潜在隐患 4）抹面操作顺序不当，先抹踏面，后抹踢面。平、立面的结合不易紧密牢固，往往存在一条垂直的施工缝隙，经频繁走动就容易造成阳角裂缝、脱落等质量缺陷 5）踏步抹面养护不够也易造成裂缝、掉角、脱落等 	1）抹面层前，应将基层处理干净，并应提前一天洒水湿润 2）洒水抹面前应先刷一道素水泥浆，水灰比在 0.4～0.5 之间，并应随刷随抹 3）控制砂浆稠度在 35mm 左右 4）过厚砂浆应分层涂抹，控制每一遍厚度在 10mm 之内，并且应待前一抹灰层凝结后方可抹后一层 5）严格按操作规范先抹踢面，后抹踏面，并将接槎揉压紧密 6）加强抹面养护，不得少于养护时间，并在养护期间严禁上人。凝结前应防止快干、水冲、撞击、振动和受冻，凝结后防止成品损坏

续表 6-8

现　象	原因分析	预防措施
细部抹灰空鼓、裂缝	1）基层清理不干净 2）墙面基层浇水不足，影响基层粘结力 3）砂浆原材料质量不好，计量不准确 4）养护时间不足	1）抹灰前，将基层残渣、污垢、油渍清除干净。光滑基层（混凝土）采取凿毛或"毛化"方法 2）墙体基层凹凸面应提前剔除、抹平，并浇水养护 3）严格控制砂浆原料计量，严格配合比。对水泥凝结时间和安定性进行复验。中层砂浆强度等级不能高于基层，以免凝结过程中产生过强的收缩应力，产生抹灰层空鼓、裂缝及脱落

6.2.2　装饰抹灰工程

1. 质量验收

（1）主控项目。

1）抹灰前基层表面的尘土、污垢、油渍等应清除干净，并应洒水润湿。

检验方法：检查施工记录。

2）装饰抹灰工程所用材料的品种和性能应符合设计要求。水泥的凝结时间和安定性复验应合格。砂浆的配合比应符合设计要求。

检验方法：检查产品合格证书、进场验收记录、复验报告和施工记录。

3）抹灰工程应分层进行。当抹灰总厚度大于或等于 35mm 时，应采取加强措施。不同材料基体交接处表面的抹灰，应采取防止开裂的加强措施，当采用加强网时，加强网与各基体的搭接宽度不应小于 100mm。

检验方法：检查隐蔽工程验收记录和施工记录。

4）各抹灰层之间及抹灰层与基体之间应粘结牢固，抹灰层应无脱层、空鼓和裂缝。

检验方法：观察、用小锤轻击检查、检查施工记录。

（2）一般项目。

1）装饰抹灰工程的表面质量应符合下列规定：

①水刷石表面应石粒清晰、分布均匀、紧密平整、色泽一致，应无掉粒和接槎痕迹。

②斩假石表面剁纹应均匀顺直、深浅一致，应无漏剁处，阳角处应横剁并留出宽窄一致的不剁边条，棱角应无损坏。

③干黏石表面应色泽一致、不露浆、不漏黏，石粒应粘结牢固、分布均匀，阳角处应无明显黑边。

④假面砖表面应平整、沟纹清晰、留缝整齐、色泽一致，应无掉角、脱皮、起砂等缺陷。

检验方法：观察、手摸检查。

2）装饰抹灰分格条（缝）的设置应符合设计要求，宽度和深度应均匀，表面应平整光滑，棱角应整齐。

检验方法：观察。

3）有排水要求的部位应做滴水线（槽）。滴水线（槽）应整齐顺直，滴水线应内高外低，滴水槽的宽度和深度均不应小于 10mm。

检验方法：观察、尺量检查。

4）装饰抹灰工程质量的允许偏差和检验方法应符合表 6 – 9 的规定。

表 6 – 9　装饰抹灰的允许偏差和检验方法

项次	项　目	允许偏差（mm）				检 验 方 法
		水刷石	斩假石	干黏石	假面砖	
1	立面垂直度	5	4	5	5	用 2m 靠尺和塞尺检查
2	表面平整度	3	3	5	4	用 2m 靠尺和塞尺检查
3	阳角方正	3	3	4	4	用直角检测尺检查
4	分格条（缝）直线度	3	3	3	3	用 5m 线，不足 5m 拉通线，用钢直尺检查
5	墙裙、勒脚上口直线度	3	3	—	—	用 5m 线，不足 5m 拉通线，用钢直尺检查

2. 质量通病及防治

装饰抹灰工程质量通病及其防治见表 6 – 10。

表 6 – 10　装饰抹灰工程质量通病及其防治

现　象	原 因 分 析	预 防 措 施
水刷石石子不均匀或脱落，饰面浑浊不清晰	1）石渣使用前没有洗净过筛 2）分格条粘贴操作不当 3）底子灰的干湿程度掌握不好 4）水刷石喷刷操作不当	1）石渣使用前应先过筛，清水冲洗后晾干，堆放用苫布遮盖好，防止二次污染 2）分格条使用前在水中浸透，以增加其韧性便于粘贴，保证起条时灰缝整齐和不掉石渣 3）罩面抹灰时，掌握好底子灰的干湿程度 4）掌握好水刷石的喷洗时间 5）接槎处喷洗前，应先把已经完成的水刷石墙面喷湿 30cm 左右，然后再由上往下喷洗，否则浆水容易溅污已完成的墙面

续表 6 – 10

现　象	原因分析	预防措施
干粘石抹灰空鼓	1）砖墙基层灰浆、泥浆等杂物未清理干净 2）混凝土表面基层残留的隔离剂、酥皮等未处理干净 3）加气混凝土基层表面粉尘细灰清理不干净或表面抹灰砂浆强度过高 4）施工前基层浇水不透	1）钢模生产的混凝土制品宜用10%的火碱水溶液将隔离剂清洗干净，混凝土表面的空鼓、酥皮应敲掉刷毛 2）施工前，把各基层表面的粉尘、油渍、污垢等杂物清理干净 3）基层表面凹凸不平超出偏差时凹处分层抹平，凸处剔平处理
干粘石抹灰面层滑坠	1）底层灰抹得不平，凹凸相差大于5mm以上时，灰层厚的地方易产生滑坠 2）拍打过度，产生翻浆或灰层收缩，产生裂缝形成滑坠 3）雨季施工时，雨水过多，容易产生滑坠	1）底灰一定抹平直，凹凸误差应小于5mm 2）根据施工季节，严格掌握好对基层的浇水量
干粘石接槎、抹痕明显	1）面层抹灰和粘石操作衔接不及时，使石渣粘接不良 2）分格较大，不能连续粘完一格，接槎处灰干粘不上石渣 3）接槎处难以抹平或新灰粘在接槎处不粘上，或将接槎处石渣碰掉，都会造成明显的接槎 4）由于粘石灰浆太稀，粘上石渣以后用抹子溜抹，边溜边接，形成鱼鳞抹痕	1）施工前，检查分格情况，制定减少接槎的措施 2）脚手架高度调配好，避免不必要接槎 3）掌握好灰浆的水灰比和稠度，按照干湿程度随粘石渣随拍平
斩假石抹灰层空鼓和裂缝	1）基层处理不当，形成抹灰层与基层粘结不好 2）抹灰层过厚，易产生空鼓和裂缝 3）砂浆受冻，失去强度	1）控制抹灰层总厚度，超过35mm时，采取加强措施 2）重视基层处理工作，严格检查并加强养护工作 3）斩假石抹灰宜安排在正温时，不宜冬期施工
斩假石抹面有坑，剁纹不匀	1）开剁时间不对，面层强度低造成坑面 2）剁纹不规矩，操作时用力不匀或斧刃不快	1）掌握好开剁时间，以试剁不掉石渣为准 2）对上岗的新工人进行培训，并做样板指导操作 3）加强养护工作，保证养护时间

续表 6–10

现　象	原 因 分 析	预 防 措 施
防水层表面起砂、起粉	1）水泥强度等级偏低，砂含泥量大、颗粒级配过细降低了防水层强度 2）养护时间过短，防水层硬化过程中过早脱水	1）材料质量应符合设计要求，水泥的品种和强度符合规范规定 2）防水层压光交活要在水泥终凝前完成，压光要在三遍以上 3）加强养护措施，防止防水层早期脱水
保温隔热层的功能不良	1）使用不合格的膨胀珍珠岩，使保温层容重偏高 2）保温量含水量加大，保温效果下降 3）保温层厚度不够，铺灰不准确 4）未经过热工计算，随意套用	1）保温材料符合质量标准 2）使用人工拌和，加强含水率测试 3）控制铺灰厚度，确保保温层厚度 4）严格设计程序
耐酸砂浆硬化过快或过慢，致使砂浆强度不够、性能较差	1）硬化慢，因为氟硅酸钠受潮变质或纯度低 2）硬化快，因为氟硅酸钠过量 3）强度低、性能差，往往因为水玻璃模数低于2.5，氧化硅和硅酸钠含量少，影响强度、抗渗和耐蚀性	1）严格选用材料，把住质量关 2）严格施工配合比，不得随意改变 3）原材料现场低于10℃采取加温措施 4）保证足够的养护时间
瓷砖空鼓	1）基层清理不干净，浇水不透 2）基体表面偏差过大，每层抹灰跟得紧，各层之间粘结强度过低 3）砂浆配合比不准确，稠度掌握不好，产生不同的干缩率 	1）严格按工艺规范要求操作 2）用水泥砂浆和水泥混合砂浆抹灰时，应待前一抹灰层凝结后抹后一层，底层的抹灰层强度不得低于面层的抹灰层强度 3）抹灰应分层进行，每遍厚度宜为5~7mm，当抹灰总厚度超出35mm时，应采取加强措施

续表 6 – 10

现　　象	原 因 分 析	预 防 措 施
瓷砖粘贴墙面不平	1）结构墙体墙面偏差大 2）基层处理不认真检查 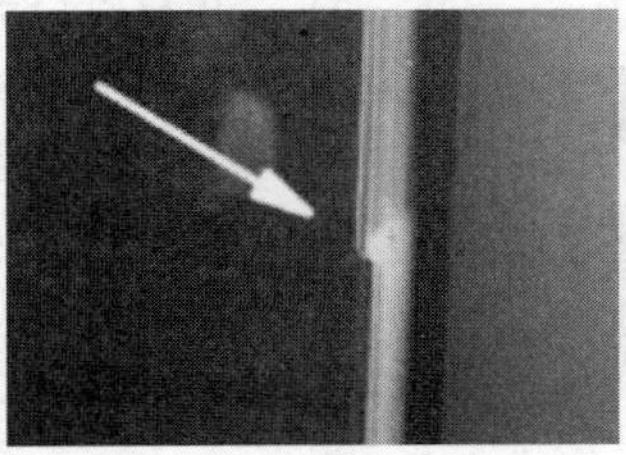	掌握好吊垂直、套方找规矩的要求，加强对底层灰的检查
瓷砖拼缝不直、不匀和墙面污染	1）没有分格弹线，排砖不仔细 2）原材料偏差过大，操作不仔细 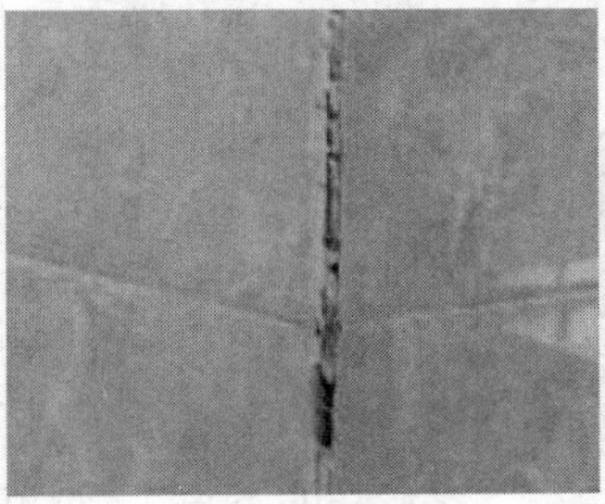	1）按施工图要求，针对结构基体具体情况认真进行分格弹线 2）把好进料关，不合格材料不能上墙 3）擦完缝及时清扫，对某些污染采用 20% 的盐酸水溶液刷净，后再用清水冲干净
外墙面砖空鼓或脱落	1）外墙饰面自重大，底子灰与基层产生较大的剪应力 2）砂浆配合比不准、水泥安定性不好和砂子含泥量大 3）大气温度热胀冷缩的影响在饰面的应力的作用 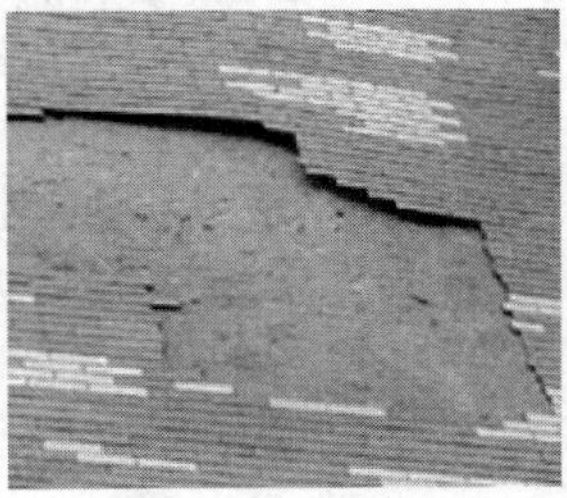	1）外墙基体力争做到平整垂直，防止偏差带来的不利情形 2）面砖使用前应提前浸泡，提高砂浆与面层的粘结力 3）砂浆初凝后，不再挪动面砖，并应实行二次勾缝，勾缝勾进墙内 3mm 为宜

续表 6－10

现　象	原　因　分　析	预　防　措　施
面砖分格缝不匀或墙面不平整	1）没有按大样图进行排砖分格 2）面砖质量不好，规格偏差较大 3）操作方法不当，操作技术不熟练	1）核对结构偏差尺寸，确定面砖粘贴厚度和排砖模数，并弹出排砖控制线 2）考虑碹脸、窗台、阳角的要求，确定缝子再做分格条或划出皮数杆 3）要求阴阳角要双面挂直，弹垂直线，作为粘贴面砖时的控制标志 4）面砖粘贴前，应进行选砖，粘贴面砖时，应保持面砖上口平直
饰面板安装接缝不平、板面纹理不通、色泽不匀	1）基层没处理好，平整度没达标准 2）板材质量没把关，试排不认真 3）操作没按规范去做	1）应先检查基层的垂直平整情况，对偏差较大的要进行剔凿或修补，使基层到饰面板的距离不少于5cm 2）施工要有施工大样图，弹线找矩距，并要弹出中心线、水平线 3）对饰面板进行套方检查，规格尺寸如有偏差应进行修整 4）饰面板安装前应进行试排，使板与板之间上下纹理通顺、颜色协调，缝平直均匀 5）安装时应根据中心线、水平通线和墙面线试拼编号，并应在最下一行用垫木材料找平垫实，拉上横线，再从中间或一端开始安装
饰面板开裂	1）受到结构沉降压缩变形外力后，由于应力集中导致板材薄弱处开裂 2）安装粗糙，灌浆不严，预埋件锈蚀，产生膨胀，造成推力使板面开裂 3）安装缝隙过小，热胀冷缩产生的拉力使板面产生裂缝	1）安装饰面板时，应待结构主体沉稳后进行，顶部和底部留有一定的空隙，以防结构沉降压缩 2）安装饰面板接缝应符合要求，嵌缝严密防止侵蚀气体进入锈蚀预埋件 3）采用环氧树脂钢螺栓锚固法修补饰面，防止隐患进一步扩大

续表 6 – 10

现　　象	原 因 分 析	预 防 措 施
饰面板墙面破损、污染	1）板材搬运、保管不妥当 2）操作中不及时清洗，造成污染 3）成品保护措施不妥当	1）尺寸较大的板材不宜平运，防止因自重产生弯矩而破裂 2）大理石板有一定的染色能力，所以浅色板材不宜用草绳、草帘捆扎，不宜用带色的纸张做保护品，以免污染 3）板材安装完成后做好成品保护工作。易碰撞部位要用木板保护，塑料布覆盖
块材地面铺贴空鼓	1）基层清理不干净 2）结合层水泥浆不均匀 3）找平层所用干硬性水泥砂浆太稀或铺得太厚 4）板材背后浮灰没有擦净，事先没有湿润	1）基层面必须清理干净 2）撒水泥面应均匀并洒水调和，或用水泥浆涂刷均匀 3）干硬性水泥砂浆应控制用水量，摊铺厚度不宜超过 30mm 4）板材在铺贴前都应清理背面，并应浸泡，阴干后使用
块材地面板材接缝不平、不匀	1）板材本身厚薄不匀 2）相通房间的地面标高不一致，在门口处或楼道相接处出现接缝不平 3）地面铺设后，在养护期上人过早	1）板材粘贴前应挑选 2）相通房间地面标高应测定准确。在相接处先铺好标准板 3）地面在养护期间不准上人或堆物 4）第一行板块必须对准基准线，以后各行应拉准线铺设

续表 6 – 10

现　象	原 因 分 析	预 防 措 施
花饰安装不牢固	1）花饰与预埋在结构中的锚固件未连接牢固 2）基层预埋件或预留孔洞位置不正确、不牢固 3）基层清理不好，在抹灰面上安装花饰时抹灰层未硬化，花饰件与基层锚固连接不良	1）花饰应与预埋在结构中的锚固件连接牢固 2）基层预埋件或预留孔洞位置应正确 3）基层应清洁平整、符合要求 4）在抹灰面上安装花饰，必须待抹灰层硬化后进行 5）拼砌的花格饰件四周应用锚固件与墙、柱或梁连接牢固，花格饰件相互之间应用钢筋销子系固
花饰安装位置不正确	1）基层预埋件或预留孔洞位置不正确 2）安装前未按设计在基层上弹出花饰位置的中心线 3）复杂分块花饰未预先试拼、编号，安装时花饰图案吻合不精确 	1）基层预埋件或预留孔洞位置应正确，安装前应认真按设计位置在基层上弹出花饰位置的中心线 2）复杂分块花饰的安装必须预先试拼，分块编号，安装时花饰图案应精确吻合

6.3　抹灰工施工安全措施

施工人员在施工过程中必须认真贯彻执行"安全第一，预防为主"的八字方针，按照国家、企业和项目部及班组制定的法律、法规、管理制度和施工工艺及相关操作规程、技术交底进行操作，严禁违章作业。施工人员进入项目施工时，必须服从项目管理人员的正确指挥和合理的工作安排，正确穿戴本工种的劳动保护用品，确保人身安全，作业人员有权拒绝有关领导强令指挥冒险作业和越级向上级部门反映情况，避免安全事故的发生。

1. 施工作业应遵守的规定

（1）班组长每天上班之前必须对作业人员进行班前安全、技术交底，对作业环境、施工条件、安全设施进行全方位检查，对不符合安全生产、文明施工要求的立即整改。

（2）施工过程中，坚持"安全第一，预防为主"的管理方针，杜绝"三违"作业，作业人员必须穿戴好劳动保护用品，否则不得进入作业面。

（3）高空、临边作业，作业前必须搭设好安全防护设施，并应穿防滑鞋、系安全带，立体交叉作业时，做好施工层的安全防护，做到"三不伤害"。

（4）脚手架上放置物料应分散码放，不得集中，不得超荷载。利用吊篮作业时，吊篮的各个安全装置、制动装置必须齐全有效。操作人员必须经培训合格，才能上岗操作。

（5）室内施工作业，需架设照明灯具时，必须有专业电工进行安装与拆除，且必须使用低压安全电照明。

（6）遇雷电、大风、大雨、大雾等恶劣天气，不适宜室外作业、高空作业时，必须停止施工。使用吊篮作业时，应将吊篮停放至地面处。

2. 使用施工机械应遵守的规定

（1）搅拌机操作手必须持证上岗，无证人员不得操作机械。

（2）搅拌机各部位的安全装置必须齐全有效，操作人员必须做到班前检查，班后保养。严格按操作规程操作，严禁机械带病作业。

（3）使用外用电梯、物料提升机等机械运送物料时，必须由持证专业人员进行操作，无证人员不得操作其机械设备。

（4）推料车人员在运料过程中，前、后车要保持一定的安全距离，进入运输吊笼内必须将车辆停放平稳，防止车翻料撒。

（5）每日机械使用完毕，必须进行检查、维修、保养，保证机械的正常运转。

3. 安全、文明施工应遵守的规定

（1）施工现场所有的安全防护设施禁止随意拆除、改装，施工作业须拆除时，由班组长向项目部提出申请，项目负责人同意拆除的部分由专业人员进行拆除，工作完毕后，立即恢复原状。

（2）施工现场必须保持清洁，作业面剩余的材料使用后必须进行清理、规整，必须达到活完场地清的标准。

4. 生活区管理的规定

（1）宿舍内严禁躺卧吸烟，防止火灾事故。

（2）铺上被褥要卫生整洁，叠放齐整，不准使用光板棉套。

（3）室内严禁存放、使用易燃、易爆、有毒等危险物品，不得使用电褥子、电热器，严禁使用电炉做饭。

（4）室内不准私拉乱接强电，照明灯具不准用易燃物品遮挡，防止火灾事故发生。

（5）宿舍走道内不得堆放杂物，保证走道畅通。

（6）不得留宿与本项目无关人员。每班作业前，要在施工员的监督下由班组长组织班前安全活动，检查班组成员是否戴好安全帽，高空作业、临边作业是否系好安全带，并向当班工人讲解本班作业现场环境和安全注意事项、施工的具体要求，然后才能开始工作。

5. 入场安全教育

（1）凡进入施工现场的作业人员，必须按照规定提供本人身份证复印件，特种行业人员要提供有效的上岗证原件，遵守施工现场安全纪律和各种安全生产制度。

（2）每个进场工人都必须接受项目举办的职工三级安全教育，并进行三级安全教育人员登记。

（3）每个工人进入施工现场，必须戴好安全帽，在作业中必须遵守本工种的安全操作技术规程和施工现场安全要求，凡是临边作业必须拴挂好安全带，安全带要做到高挂低用，并按照施工员"安全技术交底"的要求认真操作，严禁违章操作和违章指挥，禁止在施工现场抛掷物件，禁止酒后作业。

（4）为了搞好文明施工，每班收工前要做好清洁工作，保持弃渣堆积成堆，机具、材料要堆码整齐，场地和道路保持畅通。建筑垃圾清理、弃渣转运、上下车要控制好，不要造成尘土污染。特别禁止高空抛物，以防止伤人事故发生。

（5）每个工人都要自觉遵守国家和地方政府的法律、法规，遵守公司、项目部的规章制度，要求做到不违法、不违纪。禁止发生打架、斗殴、赌博等不法行为。

（6）要爱护公物和现场所有的安全标牌、标识、安全防护设施及消防设施，禁止随意拆除和毁损，因施工需要必须拆除时，要经施工负责人同意后方可进行。

（7）要讲文明、讲礼貌，宿舍内外要保持清洁干净，严禁乱倒污水、私拉乱接电线、使用大功率电器，施工现场不准使用明火，爱护消防设施，禁止在楼层内大小便。

（8）不准私自留人在施工现场住宿，施工现场不准带小孩居住，保管好自己的物品。每个人都要牢记：防火防盗人人有责。

6．施工现场安全的规定

（1）参加施工作业的工人要努力提高业务水平和操作技能，积极参加安全生产的各项活动，提出改进安全工作的意见，做到安全生产，不违章作业。

（2）遵守劳动纪律，服从领导和安全检查人员的监督，工作思想集中，坚守岗位，严禁酒后上班。

（3）严格执行操作规程（包括安全技术操作规程等），不得违章指挥和违章作业，对违章指挥的指令有权拒绝，并有责任制止他人违章作业。

（4）服从班组和现场施工员的安排。

（5）正确使用个人防护用品，进入施工现场必须戴好安全帽、扣好帽带，不得穿拖鞋、高跟鞋或赤脚上班，不得穿硬底和带钉易滑鞋高空作业。

（6）施工现场的各种安全设施，"四口"防护和临边防护，安全标志，警示牌、安全操作规程牌等，不得任意拆除或挪动，要移动或拆除必须经现场施工负责人同意。

（7）场内工作时要注意车辆来往及机械吊装。

（8）不得在工作地点或工作中开玩笑、打闹，以免发生事故。

（9）上班前应检查所有工具是否完好，高空作业所携带工具应放在工具袋内，随用随取。操作前应检查操作地点是否安全，道路是否畅通，防护措施是否完善。工作完成后应将所使用工具收回，以免掉落伤人。

（10）高处作业不准上下抛掷工具、材料等物，不准上下交叉作业，如确需要上下交叉作业必须采取有效的防护隔离措施。

（11）在没有防护设施的高处，楼层临边、采光井等作业必须系挂好安全带，并做到

高挂低用。

（12）遇有恶劣气候，风力在六级以上时，应停止高处作业。

（13）暴风雨过后，上岗前要检查自己操作地点的脚手架有无变形歪斜，如有变形及时通知班组长及施工员派人维修，确认安全后方可上架操作。

（14）凡是患有高血压病、心脏病、癫痫病以及其他不适合上高处作业的，不得从事高处作业。

（15）不得站在砖墙上或其他不安全部位抹灰、刮缝等。

（16）现场材料堆放要整齐稳固、成堆成垛，楼层堆放材料必须距楼层边1m。搬运材料、半成品、砌砖等应由上而下逐层搬取，不得由下而上或中间抽取，以免造成倒垛伤人毁物等事故。

（17）吊运零星短材料、散件材料等应用灰斗或吊笼，吊运砂浆应用料斗，并不得装得过满。

（18）用斗车运送材料，运行中两车距离应大于2m，坡道上应大于10m。在高空运送时不要装得过满，以防掉落伤人。

（19）清理安全网，如须进入安全网，事前必须先检查安全网的质量，支杆是否牢靠，确认安全后方可进入安全网清理，清理时应一手抓住网筋，一手清理杂物，禁止人站在安全网上，双手清理杂物或往下抛掷。

（20）在建工程每层清理的建筑垃圾余料应集中运至地面，禁止随意由高层往下抛掷，以免造成尘土飞扬和掉落物伤人。

（21）不准在工地内使用电炉、煤油炉、液化气灶，不准使用大功率电器烧水、煮饭。

（22）在易燃、易爆场所工作，严禁使用明火、吸烟等。

（23）消防器材、用具，消防用水等不得挪作他用或移动。

（24）现场电源开关、电线线路和各种机械设备，非操作人员不得违章操作。禁止私拉乱接电线，使用手持电动工具应穿戴好个人防护用品，施工现场用电源线必须用绝缘电缆线。禁止使用双绞线。

（25）起重机械在工作中，任何人不得从起重臂下或吊物件下通过。

（26）乘坐人货电梯，应待电梯停稳后按顺序先出后进，不得争先恐后，不得站在危险部位候梯。

（27）搅拌机在运转时，拌筒口的灰浆不准用砂铲、扫帚刮扫。

（28）搅拌机在运行中，任何人不得将工具伸入筒内清料，进料斗升起时，严禁任何人在料斗下方通过或停留。

（29）搅拌机停留时，升起的料斗应插上安全插销或挂上保险链，不使用时必须将料斗落在地上。

（30）夜间施工应有足够的灯光，照明灯具应架高使用，路线应架空，导线绝缘应良好，灯具不得挂或绑在金属架上。

（31）登高作业应从规定的斜道或扶梯上下，严禁攀登脚手架杆、井字架或利用绳索上下，也不得攀登起重臂或随同运料的吊篮吊物上下。

（32）在高处或脚手架上行走，不要东张西望，休息时不要将身体倚靠在栏杆上，更不要坐在栏杆上休息。

（33）脚手架的防护栏杆、连墙件、剪刀撑以及其他防护设施，未经施工负责人同意，不得私自拆除移动。如因施工需要必须经施工负责人批准方可拆除或移动，并采取补救措施，施工完毕或停歇时要立即恢复原状。

（34）脚手架搭设必须牢固，铺设的竹跳板不得有探头板（架板一端伸出横杆长度大于20cm为探头板）。不使用木方当架板，架上只准堆放少量材料和单人操作。

（35）室内粉刷架不得用单杆斜靠墙上吊绳设架操作。

参 考 文 献

[1] 全国建筑卫生陶瓷标准化技术委员会. GB/T 3810—2006 陶瓷砖试验方法 [S]. 北京：中国标准出版社，2006.

[2] 中华人民共和国住房和城乡建设部. GB 50037—2013 建筑地面设计规范 [S]. 北京：中国计划出版社，2014.

[3] 中华人民共和国住房和城乡建设部. GB 50209—2010 建筑地面工程施工质量验收规范 [S]. 北京：中国计划出版社，2010.

[4] 中华人民共和国建设部. GB 50210—2001 建筑装饰装修工程质量验收规范 [S]. 北京：中国建筑工业出版社，2001.

[5] 中华人民共和国住房和城乡建设部. GB 50300—2013 建筑工程施工质量验收统一标准 [S]. 北京：中国建筑工业出版社，2014.

[6] 中华人民共和国建设部. GB 50327—2001 住宅装饰装修工程施工规范 [S]. 北京：中国建筑工业出版社，2001.

[7] 全国轻质与装饰装修建筑材料标委会. JC/T 547—2005 陶瓷墙地砖胶粘剂 [S]. 北京：中国建材工业出版社，2005.

[8] 中华人民共和国住房和城乡建设部. JGJ/T 104—2011 建筑工程冬期施工规范 [S]. 北京：中国建筑工业出版社，2011.

[9] 中国建筑科学研究院. JGJ 110—2008 建筑工程饰面砖粘结强度检验标准 [S]. 北京：中国建筑工业出版社，2008.

[10] 中华人民共和国住房和城乡建设部. JGJ 126—2015 外墙饰面砖工程施工及验收规范 [S]. 北京：中国建筑工业出版社，2015.

[11] 中华人民共和国住房和城乡建设部. JGJ/T 220—2010 抹灰砂浆技术规程 [S]. 北京：中国建筑工业出版社，2011.

[12] 中华人民共和国住房和城乡建设部. JGJ/T 314—2016 建筑工程施工职业技能标准 [S]. 北京：中国建筑工业出版社，2016.

[13] 张庆丰，苗云森. 抹灰工 [M]. 北京：中国建筑工业出版社，2015.

[14] 李永盛. 抹灰工长 [M]. 北京：机械工业出版社，2007.